2012年全国电子信息类优秀教材　浙江省"十一五"重点教材建设项目

21世纪高等教育网络工程规划教材
21st Century University Planned Textbooks of Network Engineering

Java面向对象程序设计
实践教程（第3版）

Java Object-Oriented Programming
Practice Tutorial (3rd Edition)

杨晓燕　李选平◎主编

人民邮电出版社
北京

图书在版编目（CIP）数据

Java面向对象程序设计实践教程 / 杨晓燕，李选平主编. -- 3版. -- 北京：人民邮电出版社，2015.8
21世纪高等教育网络工程规划教材
ISBN 978-7-115-39421-7

Ⅰ. ①J… Ⅱ. ①杨… ②李… Ⅲ. ①JAVA语言－程序设计－高等学校－教材 Ⅳ. ①TP312

中国版本图书馆CIP数据核字（2015）第156438号

内 容 提 要

本书是《Java 面向对象程序设计（第 3 版）》（杨晓燕　李选平主编，人民邮电出版社同期出版）的配套实验教材。全书依照基础实验、综合实践和综合设计的思路组织编写内容，实验有程序填空、程序测试分析、程序设计等形式。全书实验内容主要包括：Java 开发工具及程序设计初步，Java 语言基础，Java 输入/输出，程序流程控制、算法和方法设计，Java 数组，类的结构和设计，UML 类图及面向对象设计的基本原则和模式，Java 包，GUI 和事件驱动，Java 图形及多线程，JDBC 编程，综合设计等。

书中程序在 JDK5.0/JDK6.0 中经过验证，并都给出了运行结果。

本书既可作为"Java 程序设计"和"面向对象程序设计"的实验及课程设计指导用书，也可作为Java 自学者的入门用书。

◆ 主　　编　杨晓燕　李选平
　　责任编辑　邹文波
　　责任印制　沈　蓉　彭志环
◆ 人民邮电出版社出版发行　北京市丰台区成寿路 11 号
　　邮编　100164　电子邮件　315@ptpress.com.cn
　　网址　http://www.ptpress.com.cn
　　三河市海波印务有限公司印刷

◆ 开本：787×1092　1/16
　　印张：12.75　　　　　　2015 年 8 月第 3 版
　　字数：346 千字　　　　　2015 年 8 月河北第 1 次印刷

定价：29.80 元
读者服务热线：(010)81055256　印装质量热线：(010)81055316
反盗版热线：(010)81055315

第3版前言

诞生于1995年的Java语言，是目前最为流行的面向对象程序设计语言，它简单、高效、与平台无关、安全、支持多线程，是计算机世界的"国际语言"。面向对象技术具有模拟现实世界的思维方式，数据与操作相捆绑的程序风格符合现代大规模软件开发的要求，成为计算机应用开发领域的主流趋势。不仅如此，Java的跨平台造就它在Internet上无可比拟的应用前景，使得Java成为当今Internet上最流行、最受欢迎的一种程序开发语言。原Sun公司总裁兼首席运营官Jonathan Schwartz说："Java技术正在成为全球网络应用的事实标准，它将大大加快和简化提供移动、消费和企业市场的服务。"现在Java平台仍继续为Java经济注入活力，驱动全球企业在移动应用和服务器领域的技术创新。

2005年在Java发布10周年之际，我们编写了第1版Java面向对象程序设计实践教程，受到读者好评，连续加印多次。2012年出版了第2版，依然获得很多赞誉；今年重新编写了第3版。本次修订在Java内容体系和结构上做了微调，突出"学中用"和"用中学"。

本书是《Java面向对象程序设计（第3版）》（杨晓燕 李选平主编）的配套实验教材，主要供Java课程学生实验课和课程设计使用，书中提供了大量有趣、实用的案例，每个实验分为实验指导、程序设计和思考题，思考题主要针对程序促使学生思考代码结构和关键知识点，使用UML图使学生理解面向对象模块化的程序结构。实验题目涉及基础知识点训练、程序填空、程序测试分析、综合实践及综合设计等。本书重视知识的循序渐进和深入浅出，让学生在"练中学、学中思"，掌握Java面向对象的原则、方法和程序编写。所有程序填空和基础题在本书附录中提供参考答案。

在本书出版之际，要感谢我的师长姜遇姬教授的指导，感谢我的同事邓芳、刘臻、张梁斌，及我的学生的帮助与支持。

由于编者水平所限，书中难免还存在一些缺点和错误，希望读者批评指正。联系方式yangxy3225@163.com。

编 者
2015年5月

目 录

第 1 章　Java 开发工具及程序设计初步 1
1.1　J2SDK 开发工具入门 1
1.1.1　JDK 的下载、安装 1
1.1.2　环境变量和配置 4
1.1.3　JDK 开发工具简介 6
1.2　Java 程序开发步骤 6
1.3　Java 程序基本结构 8
1.4　良好的编程习惯 9
1.5　实验目的 9
1.6　实验内容 9
实验 1　第一个 Java 应用程序 9
实验 2　第一个 Java Applet 小程序 12
实验 3　读程序，答问题 14
1.7　TextPad 工具的使用 15

第 2 章　Java 语言基础 17
2.1　知识点 17
2.2　实验目的 17
2.3　实验内容 17
实验 1　程序填空与测试分析 17
实验 2　编程测试 Java 数值类型的最大值和最小值 18
实验 3　韩信点兵问题 19
实验 4　实现简易移位加密 19
实验 5　基本数据类型应用：自我介绍 20

第 3 章　Java 输入/输出 21
3.1　知识点 21
3.2　实验目的 21
3.3　实验内容 22
实验 1　标准输入/输出方法 22
实验 2　键盘输入——Scanner 类 23
实验 3　综合实践 25

第 4 章　程序流程控制、算法和方法设计 27
4.1　知识点 27
4.2　实验目的 28

4.3 实验内容 28
实验 1   选择结构 28
实验 2   循环结构 30
实验 3   循环嵌套 33
实验 4   迭代和穷举算法 34
实验 5   综合实践 38

第 5 章   Java 数组 42

5.1   知识点 42
5.2   实验目的 43
5.3   实验内容 43
实验 1   一维数组实验 43
实验 2   二维数组实验 46
实验 3   Arrays 类 48
实验 4   综合实践 50

第 6 章   类的结构和设计 56

6.1   知识点 56
6.2   实验目的 57
6.3   实验内容 57
实验 1   类的定义及对象的创建、使用 57
实验 2   对象比较和字符串的比较 61
实验 3   引用型参数传递 62
实验 4   静态变量和静态方法应用 67
实验 5   类的继承：this 和 super 69
实验 6   抽象类和接口 72
实验 7   方法重载和方法重构 75
实验 8   成员变量的隐藏 76
实验 9   泛型应用 76
实验 10   综合实践 78

第 7 章   UML 类图及面向对象设计的基本原则和模式 93

7.1   知识点 93
7.2   实验目的 95
7.3   实验内容 95
实验 1   面向抽象编程 95
实验 2   多用组合少用继承编程 98
实验 3   策略模式设计 99
实验 4   中介者模式 101
实验 5   模板方法模式 105

第 8 章   Java 包 107

8.1   知识点 107
8.2   实验目的 108
8.3   实验内容 108

实验 1　jar 包的创建 108
　　实验 2　包的定义和互连 111

第 9 章　GUI 和事件驱动 114

9.1　知识点 114
9.2　实验目的 116
9.3　实验内容 116
　　实验 1　组件应用入门 116
　　实验 2　文本框的应用 118
　　实验 3　菜单的应用 121
　　实验 4　窗口及对话框的应用 123
　　实验 5　表格的应用 126
　　实验 6　MVC 结构 128
　　实验 7　音乐播放器 130
　　实验 8　综合实践 132

第 10 章　Java 图形及多线程 139

10.1　知识点 139
10.2　实验目的 141
10.3　实验内容 141
　　实验 1　绘制图形 141
　　实验 2　用 Thread 类创建线程 144
　　实验 3　实现 Runnable 接口创建线程 145
　　实验 4　线程间的数据共享：模拟航空售票 147
　　实验 5　多线程的同步控制：模拟银行取款 148
　　实验 6　综合实践 149

第 11 章　JDBC 编程 152

11.1　知识点 152
11.2　实验目的 155
11.3　实验内容 155
　　实验 1　Access 数据库的创建与 ODBC 数据源 155
　　实验 2　运用 JDBC 操作数据库 158

第 12 章　综合设计 160

　　实验 1　UML 分析和模块化实现猜数字游戏 160
　　实验 2　UML 设计 163
　　实验 3　网络通信 167
　　实验 4　四则运算和日期计算 171

附录　部分实验参考答案 187

第1章
Java 开发工具及程序设计初步

1.1 J2SDK 开发工具入门

1.1.1 JDK 的下载、安装

1. 下载 JDK

J2SDK 是 Java 2 Software Development Kit 的简称，人们往往习惯简称为 JDK（Java Development Kit），即 Java 开发工具包。目前应用较多的版本是 JDK5.0 或 JDK6.0，读者根据运行平台的不同，下载相应的 JDK 版本。JDK 软件包提供了 Java 编译器、Java 解释器和 AppletViewer 浏览器等可执行文件，但没有提供 Java 编辑器，初学者推荐使用 Windows 的 "记事本"。

一个阶段学习之后，读者对 Java 编译、运行等命令已经熟悉了，可以在网上下载使用 TextPad，图标为 ，直接默认安装，前提是 JDK 已安装并配置好 path 环境变量。在 TextPad 中，可以打开已经编写好的程序，或者直接编辑程序，关键字会自动突出显示。编辑好之后，可以直接通过菜单编译、运行 Application 程序或 Applet 程序，非常方便。

学习 Java 语言初期，最好直接选用 Java SE 提供的 JDK。各种集成开发环境不仅系统界面复杂，还需要很多配置，而且会屏蔽掉一些知识点。在掌握了 Java 语言之后，再去熟悉、掌握一个流行的 Java 集成开发环境为好。

J2SDK 或 JDK 是原 Sun 公司免费提供的，Sun 公司目前被 Oracle 公司收购，最新 JDK 下载地址为 http://www.oracle.com/technetwork/java/javase/downloads。读者也可以在 www.google.com 或百度中搜索下载。

2. 安装 JDK5.0

由于目前大多数用户使用的是 Windows 操作系统，所以在此以在 Windows 操作系统上安装 jdk-1_5_0_06-windows-i586-p.exe 为例，说明安装 JDK5.0 的过程。其中包含了 Java 运行环境：Java Runtime Environment。

安装工作实际上分为两个步骤。安装程序首先会收集一些信息，用于安装的选择，然后才开始复制文件、设置 Windows 注册表等具体的安装工作。

双击 jdk-1_5_0_06-windows-i586-p.exe，安装初始界面，如图 1.1 所示。

 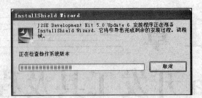

图1.1 安装初始界面

紧接着弹出准备安装界面,如图1.2所示。
随后出现JDK5.0的许可协议,如图1.3所示。

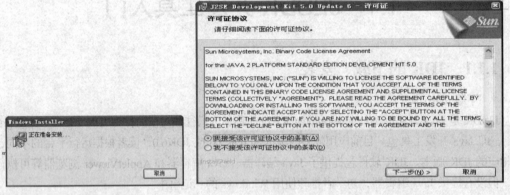

图1.2 安装欢迎界面　　　　　　　　　图1.3 安装协议

选中接受协议条款,单击"下一步"按钮,安装程序会出现让用户选择安装目标路径的对话框,如图1.4所示。

在对话框中,选择系统默认路径 C:\Program Files\Java\jdk1.5.0_06\。单击"下一步"按钮,JDK的所有程序就会被安装到C:\Program Files\Java\jdk1.5.0_06\目录下。用户也可以在本对话框中单击"更改"按钮,选择JDK程序的其他安装路径。

紧接着出现安装进度提示界面,如图1.5所示。

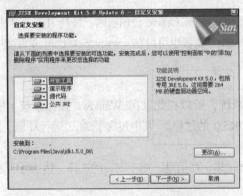 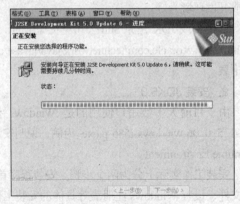

图1.4 JDK安装目标路径的选择　　　　　图1.5 安装进度选择

接着，是自定义安装 J2SE Runtime Environment 5.0，使用默认路径，单击"下一步"按钮，如图 1.6 所示。

接着是浏览器注册，默认选择是 IE 浏览器，选择"下一步"按钮，如图 1.7 所示。

图 1.6　自定义安装选择

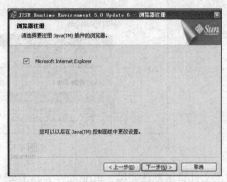
图 1.7　浏览器注册

出现 J2SE Runtime Environment 安装进度界面，如图 1.8 所示。

JDK 安装完成的提示界面如图 1.9 所示，单击"完成"按钮，结束安装。

图 1.8　JRE 安装

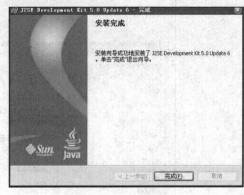
图 1.9　JDK 安装结束

3．安装 JDK6.0

JDK6.0（JDK1.6）与安装 JDK5.0 类似，这里做简单介绍。

JDK6.0 官方下载页面如图 1.10 所示，在 Platform 下拉列表中，根据自己的计算机操作系统平台进行选择，这里选择"Windows"，同时选中其下的复选框。

单击 Continue 按钮，进入 JDK6.0 下载地址页面，如图 1.11 所示。右键单击下载链接，在弹出的快捷菜单中选择"另存为"命令，即可将大小为 76.58MB 的 JDK6.0 下载到自己的计算机中。

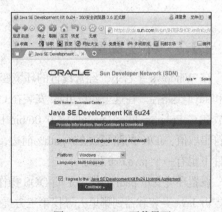
图 1.10　JDK6.0 下载界面

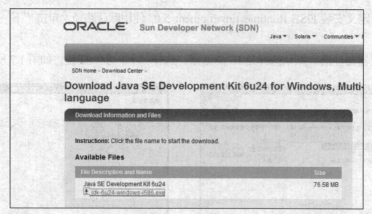

图 1.11　目标另存为

双击文件直接默认安装,再配置好 path 环境变量即可使用,环境变量配置见 1.1.2 小节。各个版本 API 参阅官方地址:http://www.oracle.com/technetwork/java/api-141528.html,如图 1.12 所示。

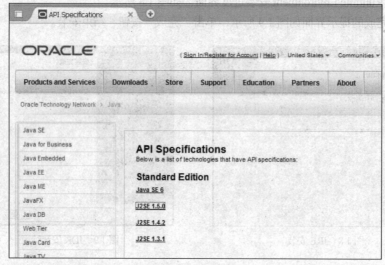

图 1.12　API 下载

1.1.2　环境变量和配置

在 Windows 平台下,经常设置的环境变量是 path 和 classpath,它们分别指定了 JDK 命令搜索路径和 Java 类路径。在这里假设 JDK 安装在 C:\Program Files\Java\jdk1.5.0_06 目录下,JDK 的所有命令都放在 C:\Program Files\Java\jdk1.5.0_06\bin 目录中。若使用%path%表示 path 环境变量的已有的当前的字符串取值,JDK 的路径放在%path%前边,以确保 JDK 提供的命令的使用,因为计算机中 system32 文件下也有一个 java.exe 程序。

设置环境变量 path 的作用是使 DOS 操作系统可以找到 JDK 命令。设置环境变量 classpath 的作用是告诉 Java 类装载器到哪里去寻找第三方提供的类和用户定义的共享类。在 classpath 环境变量中添加的(.)代表 Java 虚拟机运行时的当前工作目录。

安装 JDK 一般不需要设置环境变量 classpath 的值。如果读者的计算机安装过一些商业化的 Java 开发产品或带有 Java 技术的一些产品，这些产品所带的旧版本的类库，可能导致程序无法运行的情况。出现这种情况，编辑 classpath 的值，增加 JDK 文件中 jre 文件夹的 lib 文件夹中的 rt.jar 文件。

path 环境变量的作用是设置供操作系统去寻找和执行的应用程序的路径，也就是说，如果操作系统在当前目录下没有找到我们想要的命令工具时，它就会按照 path 环境变量指定的目录依次去查找，以最先找到的为准。path 环境变量可以存放多个路径，Windows 下路径和路径之间用英文分号（；）隔开。

平台为 Windows 2000/XP 时，右键单击桌面上的"我的电脑"，单击菜单中的"属性"命令，在出现的"系统属性"面板中选择"高级"标签，如图 1.13 所示；然后单击"环境变量"按钮，打开"环境变量"面板。在这里可以看到上下两个窗口：上面窗口为"某用户的环境变量"，下面窗口为"系统变量"，如图 1.14 所示。Win7 环境变量设置方法类似为：计算机→属性→高级系统设置→环境变量。

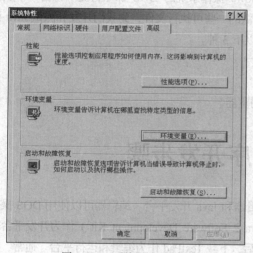
图 1.13　"系统属性"面板

图 1.14　"环境变量"面板

可以在任意一个窗口进行设置，区别在于上面的窗口设置用于个人环境变量，只有以该用户身份登录时才有效，而下面窗口中的设置则对所有用户都有效。以设置系统变量为例，单击变量名为"Path"的变量（如果系统没有 path 环境变量选项，则在"用户变量"或"系统变量"中单击"新建"按钮来添加）后，单击"编辑"按钮。然后在打开的"编辑系统变量"对话框中的"变量值"输入框中加入 JDK 开发工具 bin 文件夹所在的路径（这里是 C:\Program Files\Java\jdk1.5.0_06\bin），这个目录包含 Java 编译器和解释器，路径末尾一定以英文分号（；）结尾，然后单击"确定"，如图 1.15 所示。注意：为了确保 JDK 的 bin 的正确搜寻，请把这个路径放在 path 变量值的最前边，别忘以英文分号结尾。

图 1.15　"编辑系统变量"对话框

path 环境变量设置好之后，需要重新打开 DOS 命令提示符界面，path 环境变量才起作用。接着，在 DOS 下用 cd 命令进入源程序所在的工作目录，程序就可以编译、运行了。如果偶尔有问题，可以进一步在 DOS 下，使用设置语句：set classpath=c:\myjava（myjava 为存放自己源代码的文件夹），再运行自己的源文件就可以了。

如果用户在安装 jdk1.5 时，选择了另外的 JDK 安装路径，则环境变量 path 和 classpath 要作相应的调整。

环境变量设置完成后，在 DOS 窗口下，输入 javac 并按回车键后，如果出现 javac 的用法参数提示信息，则安装正确。

1.1.3 JDK 开发工具简介

J2SDK 工具是以命令行方式应用的，即在 Windows 操作系统的 DOS 命令行提示符窗口中执行 J2SDK 命令。在 JDK 的 bin 目录下，存放着 Java 提供的一些可执行文件，为我们开发和测试 Java 程序提供了工具。在学习中，常用的 JDK 开发工具有以下 3 种。

- javac.exe：Java 语言的编译器。
- java.exe：Java 程序执行引擎，解释器。
- appletviewer.exe：JDK 自带的小应用程序浏览器。

1.2 Java 程序开发步骤

要编写和运行第一个 Java 程序，需要有文本编辑器和 Java 开发平台。编辑器可以使用 DOS 操作系统提供的 Edit 或记事本作为编辑器，用 J2SDK(Java 2 Software Development Kit) 作为开发平台，J2SDK 往往习惯称为 JDK。也可以在安装好 JDK 之后，下载 TextPad 作为编辑和运行平台。通常，初学者使用 Windows 环境中的记事本作为创建源文件的文件编辑器。

要创建一个 Java 需要 3 个基本步骤。

（1）创建带有文件扩展名.java 的源文件。

（2）利用 Java 编译器生成文件扩展名为.class 的字节码文件。

（3）Application 程序利用 Java 解释器运行该字节码文件，Applet 利用 Java 自带查看器或浏览器运行嵌有字节码文件的 HTML 文件。

保存文件时一定要使用 public 的类名作为文件名，用.java 作为后缀。记事本默认的扩展名是.txt，所以必须修改文件扩展名为.java，可在文件名的开始和扩展名的结尾处加上一对双引号后保存；或者不加双引号，保存类型选择 all files。

Java 编译器是 JDK 中的 javac.exe，将 Java 源程序编译成字节码文件。

使用语法：javac 类名.java 按回车键即可。如果源程序没有错误，则屏幕上没有输出，否则将显示出错信息。

Java 解释器是 JDK 中的 java.exe，解释和执行 Java 应用程序。

使用语法：java 类名 按回车键即可。Java 的平台无关性就是因为每一种计算机上都安装了一个合适的解释器，将不同计算机上的系统差别隐藏起来，使字节码面对一个相同的运行环境，实现了"编写一次，到处运行"的目标。

对于 Applet 程序来说，需要 HTML 文件的配合。

使用语法：appletviewer HTML 文件名.html 按回车键即可。字节码文件嵌入 HTML 文件中，appletviewer 为 Applet 查看器（JDK 中的 appletviewer.exe），含有内置 Java 解释器。appletviewer 又称小浏览器，它仅显示相关 Applet 的属性，初学者使用很方便。

Java 源程序的开发步骤如图 1.16 所示，经过编辑、编译和运行的过程，JVM 执行的是 Java 字节码，操作系统可以是不同的操作系统，也就是所谓跨平台的特点。

图 1.16 Java 程序开发过程

开发一个 Java 程序有 3 个步骤。

（1）编辑。利用 Windows 的"记事本"，或者用使用其他文本编辑器编辑 Java 源程序文件，Java 源程序文件的扩展名一定为.java。

（2）编译。打开 MS-DOS 窗口，首先通过 cd 进入源文件所在的盘符，这里 D 盘的"特色教材-source"文件夹为例，如图 1.17 所示。

图 1.17 进入源文件所在目录

然后键入 javac 编译命令和 Java 源文件，中间用空格隔开，源文件的后缀保证是.java，文件名的命名一般第一个字母大写，不能以数字打头，其他命名规则后续章节会讲到。这里以 Welcome.java 为例，键入

```
javac  Welcome.java
```

然后按回车键执行。编译之后生成的文件是以.class 为后缀的字节码文件。

（3）运行。Java 基本程序有两种类型——Application 和 Applet。

①对于 Application，打开 MS-DOS 窗口，进入 Java 字节码文件所在目录，这里仍以 Welcome.java 为例，在命令行提示符下执行运行程序，格式为： java Welcome。

 这里不能带 class 文件后缀，因为编译器默认的后缀已经是 class 了。class 字节码文件编译生成之后自动和源文件保存在同一级目录。

②对于 Applet,需要将 Applet 字节码文件加入到一个 HTML 文件中,然后在命令行状态下通过 JDK

自带的 AppletViewer 显示网页，执行之后就可以看到 Applet 的运行结果。或者用 IE 浏览器打开该网页，Applet 的运行结果同样会在浏览器窗口中显示出来。

1.3 Java 程序基本结构

用 Java 书写的程序有两种类型：Java 应用程序（Java Application）和 Java 小应用程序（Java Applet）。Java 应用程序必须得到 Java 虚拟机的支持才能够运行。Java 小应用程序则需要客户端浏览器的支持。Java 小应用程序运行之前必须先将其嵌入 HTML 文件的<applet> 和</applet>标记中。当用户浏览该 HTML 页面时，Java 小应用程序将从服务器端下载到客户端，进而被执行。

Application 的基本编程模式：

```
class 用户自定义的类名    // 定义类
{
    public static void main(String args[ ])    //定义main()方法
    {
        方法体
    }
}
```

Applet 的基本编程模式：

```
import java.awt.Graphics;  //引入java.awt系统包中的Graphics类
import java.applet.Applet; //引入java.applet系统包中的Applet类
class  用户自定义的类名  extends Applet   //定义类
{
    public void paint(Graphics g)  //调用Applet类的paint()方法
    {
        方法体
    }
}
```

Applet 需要的 HTML 文件的最小集的格式为：

```
<HTML>
<applet code=类名.class    width= 宽度    height=高度>
</THML>
```

HTML 标记包含在尖括号内，并且总是成对出现，前面加斜杠表明标记结束。<HTML>和</THML>来标记 HTML 文件的开始和结束，用<applet>和</applet>标记 applet 的开始和结束。必须把以.class 结尾的字节码文件名嵌入到 HTML 文件中。HTML 文件应和字节码文件放在同一目录下。另外，HTML 对字符大小写是不敏感的，参数值可加引号也可不加。

综上所述，Applet 和 Application 是 Java 程序的两种基本类型，从源代码的角度来看，Applet 和 Application 有两个基本的不同点。

（1）一个 Applet 类必须定义一个从 Applet 类派生的类，Application 则没有这个必要；

（2）一个 Application 必须定义一个包含 main 的方法，以控制它的执行，即程序的入口；而 Applet

不会用到 main 方法，它的执行是由 Applet 类中的几个系统方法来控制的。两者共同之处是：编程语法是完全一样的。

1.4　良好的编程习惯

（1）所有的 Java 语句必须以英文分号";"结束。
（2）Java 区分大小写，拼写时要注意关键字和标识符构成字母的大小写。
（3）花括号成对出现。在写左花括号时，立即再写一个右花括号，这样有助于防止漏写右花括号。类名称后面的花括号标示着类定义的开始和结束。
（4）习惯上，类名应以首字母大写开头，变量以小写字母开头，变量名有多个单词的第一个单词后边的每个单词首字母应大写。当读一个 Java 程序时，寻找以大写字母开头的标识符，这些通常代表 Java 类。
（5）程序段中适当增加空白行会增加程序的可读性。在定义方法内容的花括号中，将整个内容部分缩进一层，使程序结构清晰，程序易读。编译器会忽略这些空白行和空格字符。
（6）在程序中，一行最好只写一条语句。Java 允许一个长句分割写在几行中，但是不允许从标识符或字符串的中间分割。
（7）文件名与 public 类名在拼写及大小写上必须保持一致。
（8）如果一个 .java 文件含有多于一个 public 类，则是一个错误。
（9）不以.java 为扩展名的文件名是一个错误。
（10）运行 appletviewer 时，文件扩展名不是.htm 或.html 是一个错误，这将导致无法使 appletviewer 装载 Applet。

1.5　实验目的

（1）熟悉 JDK 开发工具的下载、安装和环境变量的设置。
（2）通过实验，详细了解 Aplication 程序和 Applet 程序的结构、编译和运行。
（3）培养良好的 Java 编程习惯。

1.6　实验内容

实验 1　第一个 Java 应用程序

实验题目：实现第一个简单的应用程序：打印一行自己喜欢的字符串。
【实验指导】
首先，用户需要下载和安装 J2SDK（JDK）。以 JDK 1_5_0_06 版本为例，暂且把程序源文件放置在 JDK 的 bin 目录之下自己创建的 code 文件夹中。

其次，确定文本编辑器。在本例中，使用记事本。以 Windows 2000/XP 为例，从"开始"菜单项中选择"程序"→"附件"→"记事本"。当然，用户也可以选择其他文本编辑器。

在编译器 javac 运行正常，解释器 java 不能正常运行时，且提示的异常为：Exception in thread "main" java.lang.NoClassDefFoundError: Welcome，其中 Welcome 是程序的主类名称，此时，请一定在"我的电脑"中打开 classpath，把英文实心点和分号".;"添加到其变量值中。".;"表示加载应用程序当前目录及其在子目录中的类。

在你的计算机上编辑、保存和运行一个 Application 和 Applet 程序，注意保存时的文件名必须是程序中的类名，源文件中有多个类，只能有一个 public 类。如果有一个 public 类，则源文件的名字必须和这个 public 类完全相同；如果源文件中没有 public 类，那么源文件的名字只要和某个类相同，后缀必须是.java，文件名和类名大小写都必须一致。

【实验步骤】

（1）在"记事本"中编写如下源程序：

```java
// 文件名：Welcome.java
public class Welcome {
    public static void main( String args[] )
    {
        System.out.println( "Welcome to Java Programming!" );
    } //结束main方法的定义
} //结束类Welcome的定义
```

（2）语法说明。

程序中的"//"为单行注释符，只对当前行有效，表示该行是注释行。程序人员在程序中加入注释，用于提高程序的可读性，使程序便于阅读和理解。程序执行时注释行会被 Java 编译器忽略。多行注释用"/*"开始，以"*/"结束。

Java 程序是由类或类的定义组成的，类构成了 Java 程序的基本单元。创建一个类是 Java 程序的首要工作。Java 用关键字 class 标志一个类定义的开始，class 前面的 public 关键字代表该类的访问属性是公共的，表示这个类在所有场合中可使用。一个程序文件中可以声明多个类，但仅允许有一个公共的类，程序文件名要与公共类的名称相同，包括字母的大小写。class 后面是该类的类名，在本例中是 Welcome。

Application 中有一个显著标记就是必须定义一个 main()主方法，而且应该按照源程序中所示来定义其修饰符和命令行参数，用关键字说明它是 public，静态的 static，无返回值的 void，主方法的参数是字符串类型 String 的数组 args[]。一个类中可以声明多个方法，Java 应用程序自动从 main 主方法开始运行，通过主方法再调用其他的方法。Java 语言的每条语句都必须用分号结束。

System.out 是标准输出对象，它用于在 Java 应用程序执行的过程中向命令窗口显示字符串和其他类型的信息。方法 System.out.println 在命令窗口中显示一行文字后，会自动将光标位置移到下一行（与在文本编辑器中按 Enter 键类似）。

（3）编译运行程序。

源程序编写并保存好之后，接下来准备执行该程序。为此，打开一个命令提示符窗口，用 cd..退到根目录，如图 1.18 所示。

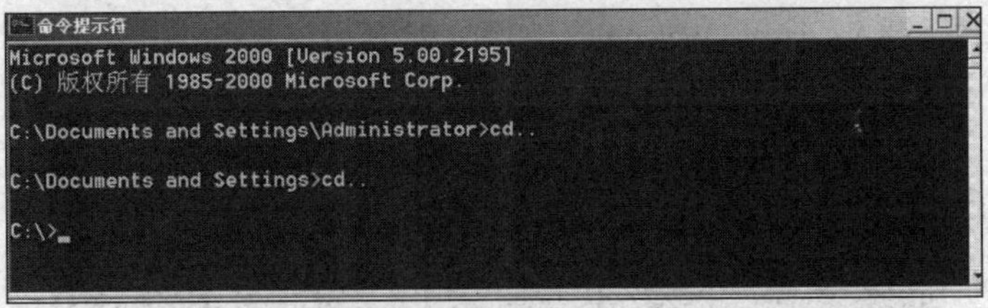

图1.18 "命令提示符"窗口

接着,进入程序所存储的目录(假定应用程序存放在 C:\Program Files\Java\jdk1.5.0_06\bin\code 下),在"命令提示窗口"中键入 dir 命令,显示文件,如图 1.19 所示。

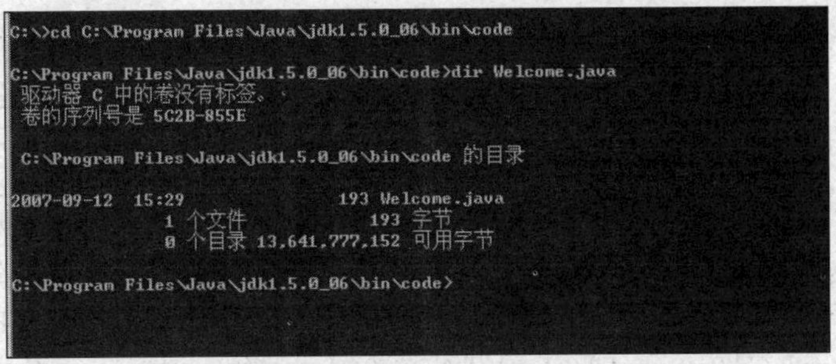

图 1.19 显示 Welcome.java 文件

再在"命令提示符"窗口中键入 javac Welcome.java,如图 1.20 所示。

图 1.20 编译 Welcome.java 文件

如果此程序不含语法错误提示,那么,将生成一个 Welcome.class 文件,自动保存在源文件同级目录下,此文件含有表示该程序的 Java 字节码。

再在"命令提示符"中键入 dir 命令,就可以看到编译后生成的.class 文件,表明程序编译成功,如图 1.21 所示。

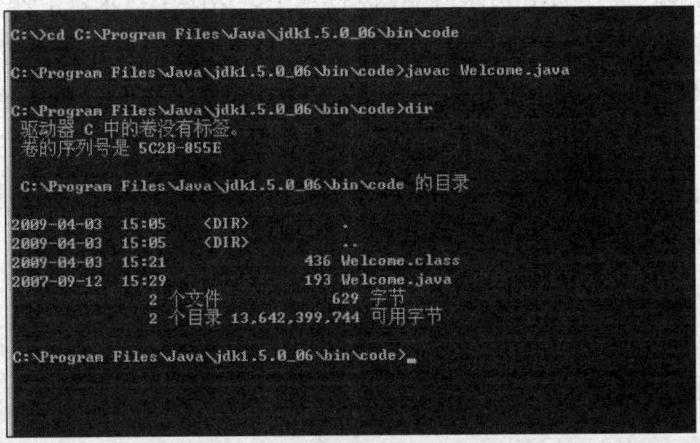

图 1.21 显示编译后的情况

运行字节码文件，键入：java Welcome，如图 1.22 所示。

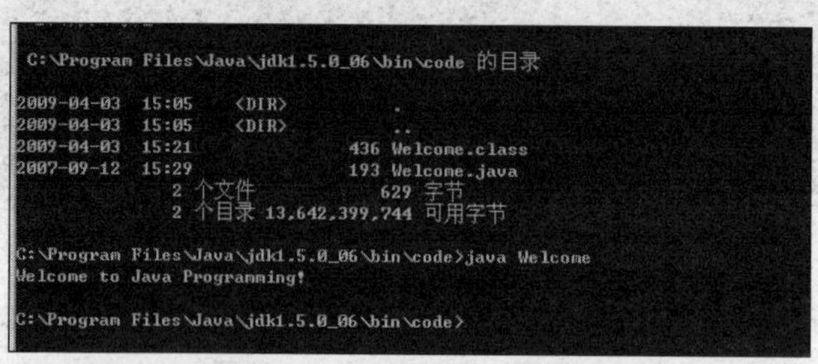

图 1.22 运行程序并显示运行结果

此命令启动 Java 解释器，载入".class"文件，字节代码被 Java 解释器解释执行。解释命令后边的文件名不带.class 文件扩展名，否则解释器无法执行。解释器自动调用方法 main，然后通过 System.out.println 方法显示 "Welcome to Java Programming!"，如图 1.22 所示。

如果在安装时没有另外指定 JDK 安装目录，则 javac.exe 和 java.exe 被存放在 C:\Program Files\Java\jdk1.5.0_06\bin 目录之下（以 JDK1.5.0_06 版本为例）。如果想在任何目录下都能使用编译器和解释器，应在 dos 提示符下运行命令：C:\>path C:\Program Files\Java\jdk1.5.0_06\bin 或将 path C:\Program Files\Java\jdk1.5.0_06\bin 放到 autoexe.bat 文件中，或在"我的电脑"→"属性"→"高级"→"环境变量"中设置。path 环境变量指定操作系统应到什么地方查找 Java 工具。

实验 2 第一个 Java Applet 小程序

实验题目： 显示一行字符串的简单 Java Applet。

【实验指导】

Java Applet 用来实现动态的、交互式网页功能，在当今网络世界中扮演着重要的角色。Applet 是一种嵌入到 HTML 文件当中的 Java 程序，可以通过网络下载来运行。HTML 是超文本标记语言，它采用一整套标记来定义 Web 页。HTML 文件的扩展名为.html 或 .htm。与从命令窗口执行 Java 应用程序不同，Applet 通过 JDK 的查看器 appletvierer 或支持 Java 的 Web 浏览器运行。

Java API 中的所有包存放在 java 目录或 javax 目录中，这两个目录之下还有许多子目录，包括 awt 目录和 swing 目录。注意：在磁盘上找不到这些目录，因为它们都存储在一个称为 JAR 的特殊的压缩文件中。在 J2SDK 安装结构中有一个名为 rt.jar 的文件，该文件包括了 Java API 里所有.class 文件。

与应用程序一样，每一个 Java Applet 至少由一个类定义组成。但是，用户几乎不必"从头开始"定义一个类。因为 Java 提供继承机制，用户可以在已存在的类的基础上创建一个新类。使用继承机制，程序员不必知道所继承的基类的每一个细节，只需知道 Applet/JApplet 类具有创建一个 Applet 小应用程序的能力即可。

【实验步骤】

（1）在记事本中编写源代码。

```
// 文件名：WelcomeApplet.java
// A first applet in Java
import javax.swing.JApplet;   // 加载系统类 JApplet
```

```
import java.awt.Graphics;     // 加载系统类 Graphics

public class WelcomeApplet extends JApplet {
   public void paint( Graphics g )
     {
      g.drawString( "Welcome to Java Programming!", 25, 25 );
     } //结束 paint 方法的定义
   } //结束类 WelcomeApplet 的定义
```

（2）语法说明。

"//"表示单行注释。Java 含有许多预定义的类或数据类型，这些类被归入 Java API（Java 应用程序编程接口，Java 类库）的各个包中。程序中使用 import 语句引入系统预定义类。程序中两行加载语句告诉编译器 JApplet 类的位置在 javax.swing 包中，Graphics 类的位置在 java.awt 包中。当创建一个 Applet 小应用程序时，要加载 JApplet 类或 Applet 类。加载 Graphics 类为的是使程序能够画图（如线、矩形、椭圆和字符串等）。

程序中通过关键字 extends 实现了继承机制。extends 前面为用户自定义的类，作为派生类或子类，extends 后边的类名为被继承的类，称为基类或父类，或者超类，如上述程序中的系统类 JApplet。通过继承建立的新类具有其父类的属性（数据）和行为（方法），同时增加了新功能（如在屏幕上显示 Welcome to Java Programming!的能力）。

实际上，一个 Applet 小应用程序需要定义 200 多个不同的方法，而在上边的程序中，我们只定义了一个 paint 方法。如果非得定义 200 多个方法，仅仅为了显示一句话，我们可能永远无法完成一个 Applet。使用 extends 继承 JApplet 类，这样 JApplet 的所有方法就已成为 WelcomeApplet 的一部分。

学习 Java 语言，一方面是学习用 Java 语言编写自己所需的类和方法，另一方面是学习如何利用 Java 类库中的类和方法。这样，有助于确保不会重复定义已提供的功能。

程序中重写了父类 JApplet 的 paint( ) 方法，其中参数 g 为 Graphics 类的对象。在 paint( ) 方法中，通过用 Graphics 对象 g 后的点操作符（.）和方法名 drawString 来调用 drawString( )方法，在坐标（25,25）窗口处输出字符串，其中坐标是以像素点为单位，第一个坐标为 x 的坐标，它表示距离 Applet 框架左边界的像素个数；第二个坐标为 y 坐标，它表示距离 Applet 框架上边界的像素个数。Applet 程序没有 main( )方法是 Applet 小应用程序与 Application 应用程序的一个显著区别。JApplet 类的方法 paint 在缺省情况下，不做任何事情。WelcomeApplet 类覆盖了或重新定义了这个行为，以使 appletviewer 或浏览器调用 paint 方法，在屏幕上显示一行字符串。

（3）用记事本编写与例 1.2 Java 源文件配合的 HTML 文件。

```
<html>
<applet code="WelcomeApplet.class" width=400 height=50>
</applet>
</html>
```

HTML 标记是用尖括号括起来，成对出现。加斜杠表明标记结束。用<html>和 </html>标记 HTML 文件的开始和结束，用<applet>和 </applet>标记 Applet 的开始和结束。<applet>包含 3 个必需的参数。
● code：表示要打开的 Applet 字节码文件名。
● width：表示 Applet 所占用浏览器页面的宽度，以像素点为单位。
● height：表示 Applet 所占用浏览器页面的高度，以像素点为单位。

一般情况下，字节码文件和HTML文件处于同一目录下。否则字节码文件的路径要在code中给出。

（4）编译运行。

①编译Java源文件，和Application程序一样，使用javac命令：
javac WelcomeApplet.java，如图1.23所示。

②运行时使用如下命令格式：
appletviewer WelcomeApplet.html，如图1.23所示。

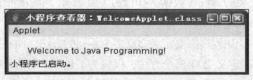

图1.23　Java Applet的操作步骤

③运行结果窗口，如图1.24所示。

图1.24　Applet运行结果

Java的跨平台不是没有任何条件的。 Application的运行以各个平台上的虚拟机为前提条件。Applet也是如此。当需要用Java的Swing编写Applet时，Web浏览器中需要安装支持它的插件。所以，为了在学习时调试Applet方便，本书示例均以JDK提供的appletviewer工具来显示嵌有Applet的HTML文件。

实验3　读程序，答问题

阅读下列Java源文件，并回答问题。

```
public class Hello{
  void speakHello( ){
     System.out.println("I'm glad to meet you");
  }
}
Class HelloTest{
  Public static void main(String args[ ]){
      Hello he=new Speak( );
      he.speakHello( );
  }
}
```

（1）上述源文件的名字应该是什么？
（2）上述源文件编译后生成几个字节码文件？这些字节码文件的名字都是什么？

（3）在命令执行 java Hello 得到怎样的错误提示？执行 java HelloTest.class 得到怎样的错误提示？执行 java HelloTest 得到什么输出结果？

提示　　文件名的命名一定是公共 public 类的名字，但是解释执行的时候只能是主类的类名。

1.7　TextPad 工具的使用

下载好 TextPad 之后，默认安装即可。在 TextPad 中，正常编辑、编译和运行 Java 程序的前提是 JDK 安装好，环境变量 path 配置好 JDK 中的 bin 安装路径。

安装好之后，打开 TextPad 如图 1.25 所示。

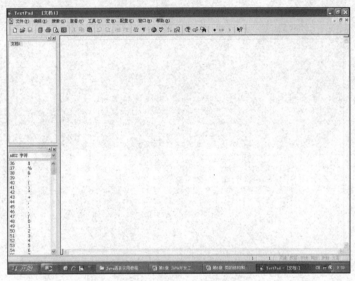

图 1.25　TextPad 打开界面

打开或编辑一个 Java 源代码，如图 1.26 所示。

图 1.26　在 TextPad 中编辑源文件

在"工具"菜单之下，选择"编译 Java"，如图 1.27 所示。

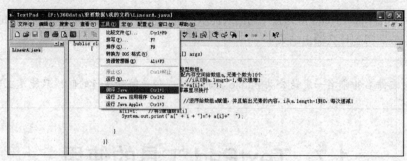

图 1.27 使用工具编译源文件

正常编译好之后，就在 Java 源码的同一级目录生成了 class 文件，然后选择"工具"菜单下的命令"运行 Java 应用程序"，就可以看到 Java 应用程序的执行结果了。

如果是 Applet 程序，同样是在"工具"菜单下，先编译，再"运行 Java Applet"程序即可，非常方便。

第 2 章 Java 语言基础

2.1 知识点

（1）在 Java 语言中标识符有两类：一类是用户自己定义使用的，其作用是用于标识常量、变量、类、方法、接口和包等的名称；另一类是关键字和保留字，为系统所用，这些标识符能被系统自动识别，有着特殊的含义。

（2）Java 语言中的数据类型分为两大类，一类是基本数据类型(primitive type)，另一类是引用类型(reference type)。基本数据类型有整型(Integer)、浮点型(Floating-Point)、逻辑型(boolean)和字符型(char)，引用类型包括类(class)、数组(array)和接口(interface)。

（3）运算符包括算术运算符、关系运算符、逻辑运算符、条件运算符、赋值运算符等。运算符的优先级决定了表达式中不同运算执行的先后顺序。

（4）Java 字符串常量表示为双引号括起来的字符序列。Java 的两个字符串类 String 和 StringBuffer，封装了字符串的全部操作。

（5）String 类创建的字符串对象是不可修改的，也就是说，String 对象一旦创建，那么实体是不可以再发生变化的。StringBuffer 类能创建可修改的字符串序列，也就是说，该类对象的实体的内存空间可以自动地改变大小，便于存放一个可变的字符序列。

2.2 实验目的

（1）熟悉 Java 变量的基本类型。
（2）通过实验，熟悉基本数据类型的应用。
（3）通过实验，熟悉字符串的常用方法。

2.3 实验内容

实验 1　程序填空与测试分析

1. 利用直角三角形的两条直角边计算斜边长度。

```
class DynInit{
    public static void main(String args[]){
        【1】定义double型变量a和b,并赋初值_____
        double c=Math.sqrt(a*a+b*b);
        【2】输出变量c的值_____
    }
}
```

2. 测试以下程序的运行结果，并进行分析。

```
public class ShiYan2
{
  public static void main(String args[])
    {
     float a=3.25F , b=-2.5F;
     int c;
     byte d;
     c=(int)(a*b);
     d=(byte)257;
     System.out.println("c="+c);
     System.out.println("d="+d);
    }
}
```

思考题：如果不小心把字符串的英文双引号写成中文的双引号，可以吗？编译会有什么提示？

实验2　编程测试 Java 数值类型的最大值和最小值

测试下面代码，输出 Java 几种数值类型的最大值和最小值。

```
import java.io.*;
public class app1
{
        public static void main(String[] args)
        {
            System.out.println("bybt min is:"+Byte.MIN_VALUE);
            System.out.println("bybt max is:"+Byte.MAX_VALUE);
            System.out.println("short min is:"+Short.MIN_VALUE);
            System.out.println("short min is:"+Short.MIN_VALUE);
            System.out.println("int min is:"+Integer.MIN_VALUE);
            System.out.println("int max is:"+Integer.MAX_VALUE);
            System.out.println("long min is:"+Long.MIN_VALUE);
            System.out.println("long max is:"+Long.MAX_VALUE);
            System.out.println("float min is:"+Float.MIN_VALUE);
            System.out.println("float max is:"+Float.MAX_VALUE);
            System.out.println("double min is:"+Double.MIN_VALUE);
            System.out.println("double max is:"+Double.MAX_VALUE);
        }
}
```

思考题：试写出主要数值数据类型所在的系统类名、最大值和最小值的常量表示。

实验 3 韩信点兵问题

秦朝末年，楚汉相争。汉军统帅韩信要点兵迎敌。他命令士兵 3 人一排，结果多出 2 名；接着命令士兵 5 人一排，结果多出 3 名；他又命令士兵 7 人一排，结果又多出 2 名。那么，我们如何用 Java 语言表达式来表示韩信的点兵情况？假设我们给出一个数值，比如 78，它是一个"韩信数"吗？如何验证。

这里，我们就要用到变量的定义、求余运算符、逻辑运算符和逻辑表达式等基础知识。

参考代码：

```
1  public class HanX{
2    public static void main(String[] args){
3      int sum=78;        //定义并初始化士兵数
4      boolean result;    //定义布尔变量
5      result=sum%3= =2&&sum%5= =3&&sum%7= =2;  //result 接受逻辑表达式的布尔值
6      System.out.println("结果为"+result);
7    }  //main 方法结束
8  }  //类 HanX 定义结束
```

思考题：关系运算符"= ="的优先级和赋值运算符"="的优先级谁更高呢？

实验 4 实现简易移位加密

将"China"译成密码，密码规律是：用原来的字母后面第 4 个字母代替原来的字母。例如："China"应译为"Glmre"。请编一程序，用赋初值的方法使 c1、c2、c3、c4、c5 五个变量的值分别为"C""h""i""n""a"，经过运算，使 c1、c2、c3、c4、c5 分别变为"G""l""m""r""e"，并输出显示。

方法一：

```
import java.io.*;
    public class China {
    public  static void main(String[] args) throws IOException
    {
      char c1='C',c2='h',c3='i',c4='n',c5='a';
      c1='C'+4;  //c1=(char)c1+4;
      c2='h'+4;
      c3='i'+4;
      c4='n'+4;
      c5='a'+4;
      System.out.print(c1);
      System.out.print(c2);
      System.out.print(c3);
      System.out.print(c4);
      System.out.println(c5);
    }
}
```

思考题：c1='C'+4; 和 c1=(char)c1+4; 语句有区别吗？请说说理由。

方法二：

```java
import java.io.*;
import java.util.*;
import java.lang.String.*;
class China2 {
    public static void main(String[] args) throws IOException
    {
        Scanner reader = new Scanner(System.in);
        String str = reader.next();
        for (int i=0;i<str.length();i++)
        {
            System.out.print((char)(str.charAt(i)+4));
        }
    }
}
```

实验 5　基本数据类型应用：自我介绍

班里来了一位新同学，新同学要写一个简要的自我介绍，包括学号、姓名、性别、年龄和来自哪里。请问，在一个学生类中要设计哪些数据类型？如何实现。

参考代码：

```java
import java.util.*;
public class Myself
{
    public static void main(String[ ] args)
    {
        int i;
        String [ ]s=new String[5];
        Scanner reader=new Scanner(System.in);
        System.out.print("大家好，我叫");
        s[0]=reader.nextLine();
        System.out.print("性别:");
        s[1]=reader.nextLine();
        System.out.print("年龄:");
        s[2]=reader.nextLine();
        System.out.print("学号:");
        s[3]=reader.nextLine();
        System.out.print("来自");
        s[4]=reader.next();
        for(i=0;i<5;i++)
            System.out.println("自我介绍:"+s[i]+"\n");
    }
}
```

思考题：Scanner 类起到什么作用？

第 3 章 Java 输入/输出

3.1 知识点

（1）System 类的一个重要功能就是提供标准输入输出。一般情况下，数据标准输入的默认来源为键盘，标准输出的目的地默认为屏幕。

（2）在 JDK5.0 发布之后，使用 System.in 实现键盘交互输入的最常用方法，是将系统类 Scanner 的对象和 System.in 对象结合在一起使用。

（3）Application 应用程序中主函数 main 的参数（String[ ] args）是一个 String 字符串类型的数组，用于接收命令行参数的输入，在 main 方法中可以使用 args 数组的元素，作为一种交互输入。

（4）数据"流"（stream）是一串连续不断的数据的集合。简单来说，流也可以理解为抽象了与数据源或数据宿连接、数据流动方向、数据读写单位及处理等在内的一系列系统封装类。

（5）流类的实例都是对象，流对象具有读写数据或其他事项的操作能力，比如关闭流和计算流中的字节数等。

（6）Java 流可以应用到任何数据源，所以对于一个程序员来说，从键盘输入、控制台输出，从文件输入或者输出到文件道理是一样的。

（7）Java 2 的类 JOptionPane 很容易建立一个显示信息的交互对话框。

3.2 实验目的

（1）学习标准输入输出。
（2）熟悉 Scanner 类键盘输入的应用。
（3）熟悉 JOptionPane 类的应用。
（4）学习命令行输入输出。

3.3 实验内容

实验1 标准输入/输出方法

【实验指导】

标准设备指计算机启动后默认的设备。通常情况下，键盘是标准输入设备，显示器是标准输出设备。当不需要从标准输入设备（如键盘）上获取数据或者想将数据输出至标准输出设备以外的其他地方（如磁盘）时，就要重新设置输入流或输出流的方向，Java 把这种操作称为重定向。

Java 语言的标准输出 System.out 是打印输出流 PrintStream 类的对象，out 被定义在 java.lang.System 类中。我们可以调用 out 提供的 print、println 或 write 方法来输出各种类型的数据。

print 和 println 方法的不同之处仅在于 println 输出后换行而 print 不换行。write 方法常用来输出字节数组，通常需要和 flush 方法配合使用。下面给出 println 和 write 的使用格式：

```
void println( )                //输出一个换行符
void println(boolean x)        //输出一个布尔值 true 或 false
void println(char x)           //输出一个字符
void println(char[ ] x)        //输出一个字符数组
void println(double x)         //输出一个双精度值
void println(float x)          //输出一个浮点值
void println(int x)            //输出一个整型值
void println(long x)           //输出一个长整型值
void println(Object x)         //输出一个对象的字符表示
void println(String x)         //输出一个字符串
void write(int b[ ])           //输出 int 数组 b 中某一元素
void write(byte[] b, int off, int len)   /*输出字节数组的一部分，参数 b 是字节数组名称，off 是输出数组 b 的起始下标，len 是输出数组 b 中元素的个数*/
```

【实验任务】

程序填空：标准输出方法的使用。

```
class PrintDemo{
    public static void main(String args[]){
        Object o="an examle";
        char c[ ]={'a','b','c','d','e'};
        byte b[ ]={'f','g','h','i','j'};

        System.out.println(true);
        【1】屏幕输出一个字符 C
        System.out.println(100);
        System.out.println(200000L);
        【2】屏幕输出单精度浮点数 13.6
        System.out.println(2346.99D);
        【3】屏幕输出一个字符串"a student"
```

```
        【4】屏幕输出对象。
        System.out.println(c);
        System.out.write(b,0,2);
        System.out.println( );
        【5】屏幕输出对象b的第一个元素
        System.out.flush( );  //将缓冲区中的数据写到外设屏幕上
      }
    }
```

程序运行结果如图3.1所示。

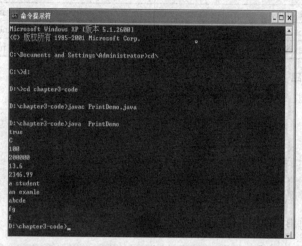

图3.1 程序运行结果

实验2 键盘输入——Scanner类

【实验指导】

如同System.out是用来输出一样，System.in用来实现输入。使用System.in输入数据的技术称为标准输入（standard input），有时也称为控制台输入（console input）。System.in是InputStream类的一个对象，使用它的read方法通常一次只能输入1个字节的ASCII数据。在JDK5.0发布之后，使用System.in实现键盘交互输入的最常用方法，是将系统类Scanner的对象和System.in对象结合在一起使用。Scanner类可以一次读入多个字节的一般数据类型的值和字符串，它属于java.util包。

1. 数值型数据使用步骤

（1）程序引入java.util包，生成Scanner类对象。

```
import java.util.*;
…
Scanner scanner;  //声明Scanner类的对象scanner
scanner=new Scanner(System.in);  //和System.in绑定，创建scanner对象
```

（2）生成scanner对象之后，就可以调用它自有方法进行数据输入。下面以输入整型数据为例：

```
int age;
System.out.print("Enter age: ");
age = scanner.nextInt ();
```

在标准输出窗口用键盘输入整型数值，可以看到自己的输入，直到按下回车键后，输入值才会被使用和处理。

输入6种数值数据类型的方法如表3.1所示。

表 3.1　　　　　　　　　　　　输入6种数值数据类型的方法

Method	Example
nextByte();	byte b=scanner.nextByte( );
nextDouble();	double d = scanner.nextDouble( );
nextFloat();	float f = scanner.nextFloat():
nextInt();	int i = scanner.nextInt():
nextLong()	long l= scanner.nextLong();
nextShort	short s= scanner.nextShort();

2. 键盘输入字符串

（1）读入一个单词，使用next方法，比如：

```
Scanner scanner = new Scanner(System.in);
String name;        //声明字符串变量
System.out.print("输入一个字符串：");
name = scanner.next( );
 // next 方法接收的是空格或回车键之前的字符串
```

（2）读入一行字符串，使用nextLine方法，比如：

```
Scanner scanner = new Scanner(System.in);
String name;        //声明字符串变量
System.out.print("输入一行字符串：");
name = scanner.nextLine( ); // nextLine 方法接收回车键之前的字符串
```

【实验任务】

1. 程序填空：利用Scanner方法，进行键盘输入。

```
import java.util.*;
public class InputTest2
{
  public static void main(String[] args)
  {
    【1】定义 Scanner 对象 in
    System.out.print("How old are you? ");
    【2】定义整型的 age 变量，保存键盘输入的数值
    System.out.println("Hello,"+ " Next year, you'll be " + (age+1));
  }
}
```

程序运行结果如图3.2所示。

图 3.2　InputTest2.java 运行结果

思考题：仿照上面程序结构，试写一个使用键盘输入字符串的程序，并在屏幕上显示出来。

2. 程序填空：使用键盘输入直角三角形两个直角边，求斜边。

```
import java.io.*;
import java.util.*;
import java.lang.Math.*;
public class Triangle {
    public static void main(String[] args) throws IOException
    {
        Scanner reader = new Scanner(System.in);
        double a,b,c;
        System.out.println("计算直角三角形斜边的值。");
        System.out.print("请输入直角边 a 的值: ");
        【1】给直角边 a 键盘赋值
        System.out.print("请输入直角边 b 的值: ");
        b = reader.nextDouble();
        【2】求斜边 c 的值
        System.out.println("该直角三角形斜边 c 为"+c);
    }
}
```

实验 3　综合实践

使用 JOptionPane 编写一个自我介绍的程序。班里来了一位新同学，新同学要写一个简要的自我介绍，包括学号、姓名、性别、年龄和来自哪里。请问，在一个学生类中要设计哪些数据类型？如何实现？

参考代码：

```
import javax.swing.JOptionPane;
public class Myself3 {
    public static void main( String args[] )
    {
        String number,name,sex,age,place;
        number =
        JOptionPane.showInputDialog( "学号? " );
        name =
        JOptionPane.showInputDialog( "姓名? " );
        sex =
        JOptionPane.showInputDialog( "性别? " );
```

```
            age = 
            JOptionPane.showInputDialog("年龄? ");
            place = 
            JOptionPane.showInputDialog( "故乡? " );
        JOptionPane.showMessageDialog(
            null, "我的学号是"+number+", 我的姓名是"+name+", 性别:"+sex+", 年龄:"+age+", 我的故乡是 "+place, "Results",
            JOptionPane.PLAIN_MESSAGE );
            System.exit( 0 );
        }
    }
```

思考题: 上述程序能不能用 Scanner 类的相关方法进行修改?

第4章
程序流程控制、算法和方法设计

4.1 知识点

编写程序是为了解决问题，程序员不仅要完全了解问题，规划解决问题的步骤，而且必须清楚地知道程序设计语言所支持的程序流程控制结构。

一般地，Java 程序中的语句是按顺序执行的，也就是说，按照程序中语句出现的次序从第一条语句开始依次执行到最后一条。但实际情况中往往会出现一些特别的要求，比如应根据某个条件来选择执行某些操作，或某些操作应根据需要不断重复地去做，这时就需用到流程控制语句来控制程序中语句的执行顺序，以求更有效地完成任务。

程序流程控制分为顺序、选择和循环及异常处理结构。结构是语句的框架，它控制结构中语句的执行流向，结构具有单入口、单出口的特点。

（1）语句（statements）是程序的基本组成单位，在 Java 语言中，有简单语句和复合语句两类语句。一条简单语句总是以分号（;）结尾。用一对花括号{}括起来的由若干条简单语句组成复合语句（一般也称为语句块——blocks）。

（2）复合语句可以出现在简单语句能出现的任何位置，若要在允许使用单条语句的位置执行多条语句，则必须用大括号将这些语句括起来，构成一条复合语句。在本书的后续章节中所提到的语句，既可以是简单语句也可以是复合语句。

（3）Java 语言实现选择结构的语句有两种，一种是两路分支选择的 if-else 语句，另一种是多分支选择的 switch 语句。

（4）Java 语言中实现循环结构的语句共有 3 种：while 语句、do-while 语句和 for 语句。

（5）在循环结构中还可以用 continue 语句和 break 语句来实现循环中流程特殊要求的转移。

（6）正确设置循环变量的初值，应保证进入循环。

（7）如果循环变量的初值在循环体中设置，则为"死循环"。

（8）循环体中切不可忘记包含循环变量的修改部分，并且保证循环变量趋向不满足循环条件的方向的修改，否则会出现"死循环"。

（9）避免使用实数型的循环变量和实数相等比较的循环条件，否则会出现"死循环"。

（10）在循环程序运行时，如果不小心造成了"死循环"，可通过 Ctrl+C 组合键来终止程序的运行，然后再打开源程序，检查、改正其中的错误，重新编译运行。

（11）迭代就是不断由已知值推出新值，直到求解为止。

4.2 实验目的

（1）理解、熟悉 Java 语言的语句和程序控制结构。
- 熟悉运用 if-else 语句；
- 熟练掌握 for 循环语句及 for 循环语句设计循环程序；掌握变量的作用域；
- 熟悉运用三目条件运算，用作数据转换；
- 熟悉运用多分支选择 switch 语句和 break 语句；
- 熟悉运用 Java 的循环语句编写循环程序；
- 熟悉运用循环嵌套及内外循环间的关系。

（2）创建、编译、调试和运行结构和逻辑关系比较复杂的 Java 语言应用的程序。
（3）掌握分别用循环结构的迭代、穷举和递归算法设计程序。

4.3 实验内容

实验 1　选择结构

【实验指导】

1. if-else 语句

if 语句是专用于实现选择结构的语句，它根据逻辑条件的真假执行两种操作中的一种。if-else 语法格式如下：

```
if（逻辑表达式）语句1;[ else 语句2; ]
```

其中，逻辑表达式又称逻辑条件，用来判断选择程序的流程走向，而用"[ ]"括起的 else 子句是可选的（即根据需要可有可无）。

当 else 子句省略时，if 语句只有当逻辑表达式为真（true）时，执行指定操作（语句1），然后转向结构的出口，执行 if 语句的后续语句。否则就什么也不做，直接转向结构的出口，转去执行 if 语句的后续语句。

else 子句不能作为语句单独使用，它必须是 if 语句的一部分，与 if 配对使用。

2. if 语句的嵌套

在 if-else 语句中的语句1或语句2可以为任何语句，也都可以又是 if-else 语句，称为 if 语句的嵌套。if 语句的嵌套结构一般用在较为复杂的流程控制中。在较复杂的流程控制中要注意逻辑关系：如果两个无 else 的 if 语句嵌套时，则可以合并一个 if 语句，其逻辑条件为两个条件的逻辑与。最常用的是 else if 嵌套的多选择结构，格式如下：

```
if（逻辑表达式1）        语句1
else if（逻辑表达式2）   语句2
…
else if（逻辑表达式n）   语句n
else                    语句n+1
```

此时，程序从上往下依次判断逻辑条件，一旦某个逻辑条件满足（即布尔表达式的值为 true），就执行相应的语句，然后就不再判断其余的条件，直接转到结构出口，执行 if 语句的后续语句。在这种多选择结构中，较容易犯的错误是混淆 if 及 else 之间的搭配关系，Java 规定：else 总是与离它最近的 if 配对。如果需要，可以通过使用花括号"{ }"来改变配对关系。

3. 多选择结构 switch 语句

if 语句的嵌套形式虽然能够实现多分支选择结构，满足程序流程控制的要求，但要求依次计算每个嵌套在 if 语句中的逻辑条件，结构欠灵活，程序书写比较麻烦，可读性也不太好。在 Java 中，为多分支选择流程控制专门提供了 switch 语句。switch 语句根据一个表达式的值，选择执行多个操作中的一个，其语法形式如下：

```
switch（表达式）
{    case 表达式的常量1：语句1；
     case 表达式的常量2：语句2；
     ……
     case 表达式的常量n：语句n；
     [ default:      语句n+1; ]
}
```

其中，每个 case 常量称为标号，代表一个 case 分支的入口。标号和后跟的相应语句称为 case 子句，代表一个 case 要执行的指定操作。default 子句是可选的，当表达式的值与任何 case 常量都不匹配时，就执行 default 子句，转向结构出口。如果表达式的值与任何 case 常量都不匹配，且没有 default 子句时，则程序不执行任何操作，而是直接跳出 switch 语句，转向结构出口，执行后续程序。

使用 switch 语句要注意的问题如下。

（1）switch 语句用表达式的计算值做多选择的判断，表达式只能是 byte、char、short、int 类型，而不能使用浮点类型或 long 类型，也不可以是一个字符串；case 常量的类型必须与表达式的类型相容，而且每个 case 标号的常量的值必须各不相同。

（2）允许多个不同的 case 标号执行一组相同的操作。例如，可以写成如下形式：

```
…
case 常量n:
case 常量n+1:
    语句
    [ break; ]
…
```

（3）case 子句中包括多个执行语句时，无须用花括号"{ }"括起。

（4）break 语句用来在执行完一个 case 分支后，将执行流程转向结构的出口，即结束 switch 语句，执行 switch 语句的后续语句。因此，在只选择执行一个分支操作的情况下，在每个 case 分支语句执行后，要用 break 来终止后面的 case 分支语句的执行。

提示

if-else 语句可以实现 switch 语句所有的功能，但通常使用 switch 语句更简练、有效，且可读性强，程序的执行效率也高。

if-else 语句可以基于一个范围内的值或一个条件选择不同的操作，但 switch 语句中的每个 case 常量都必须对应一个单值。

【实验任务】

实验题目：编写程序比较两个整数，用信息显示对话框显示比较结果。

输入两个整数都是 56 的程序运行结果如图 4.1 所示。测试程序，回答问题。

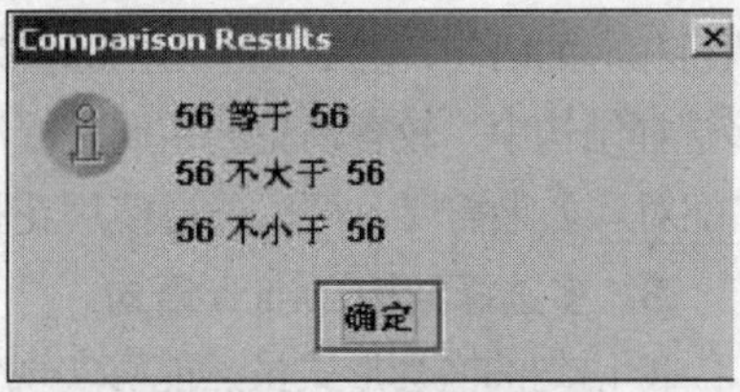

图 4.1　实验结果图示

```java
import javax.swing.JOptionPane;
public class Comparison
{   public static void main( String args[] )
    {   String firstN,secondN,result;
        int n1,n2;                              // n1 和 n2 用来保存两个要比较的整数
        firstN=JOptionPane.showInputDialog( "键入第一个整数:" );
        secondN=JOptionPane.showInputDialog( "键入第二个整数:" );
        n1 = Integer.parseInt( firstN );//将字符串转换为 int 型的整数
        n2 = Integer.parseInt( secondN );
        result = "";                            //将 result 初始化为空串
        if ( n1 == n2 )  result=n1+" 等于 "+n2;
        if ( n1 != n2 )  result=n1+" 不等于 "+n2;
        if ( n1 < n2 )   result=result+"\n"+n1+" 小于 "+n2;
        if ( n1 > n2 )   result=result+"\n"+n1+" 大于 "+n2;
        if ( n1 <= n2 )  result=result+"\n"+n1+" 不大于 "+n2;
        if ( n1 >= n2 )  result=result+"\n"+n1+" 不小于 "+n2;
        JOptionPane.showMessageDialog(null, result, "Comparison Results",
            JOptionPane.INFORMATION_MESSAGE );// 显示 results 字符串
        System.exit( 0 );
    }
}
```

思考题：

（1）else 子句能单独使用吗？

（2）if 后面的表达式是一个逻辑表达式吗？其运算结果是什么类型的值？

（3）parseInt()方法是什么作用？

实验 2　循环结构

【实验指导】

1. while 语句

while 语句实现循环结构的语法形式为：

```
while (循环条件)
    语句;
```

其中，循环条件是一个逻辑表达式，用于控制循环执行。while 语句的执行过程为：首先，计算逻辑表达式的值，如果其值为真，就执行循环体，然后再一次计算布尔表达式的值……如此循环往复，直到逻辑表达式的值为假，终止循环，结束 while 语句的执行，程序流程转向执行 while 的后续语句。while 循环结构的流程如图 4.2 所示。

2. do-while 语句

do-while 语句实现的语法形式如下：

```
do { 语句;
} while (循环条件);
```

do-while 语句执行的过程为：先执行一次循环体中的语句，然后测试布尔表达式的值，如果布尔表达式的值为真，就返回执行循环体中的内容。do-while 语句将不断地测试布尔表达式的值并执行循环体中的内容，直到布尔表达式的值为假为止。do-while 循环结构的流程如图 4.3 所示。

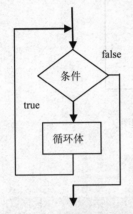

图 4.2 while 循环结构的流程图

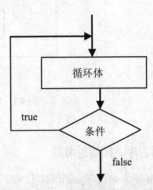

图 4.3 do-while 循环结构的流程图

3. for 语句

for 语句实现的语法形式如下：

```
for (表达式 1; 表达式 2; 表达式 3)
```

每个 for 语句都有一个用于决定循环开始和结束的变量，通常称这个变量为循环控制变量。表达式 1 用来给循环控制变量赋初值，它只在进入循环的时候执行一次。表达式 2 是一个逻辑表达式，是循环进行的条件，如果其值为真，就执行一次循环体，否则结束循环，程序流程转向循环结构出口，执行 for 语句的后续语句。表达式 3 用于在循环体中修改循环控制变量的值。for 语句的执行过程如下。

（1）先求解表达式 1。

（2）求解表达式 2，若其值为 true，则执行 for 语句中的循环体，然后执行下面第（3）步。若其值为 false，则结束循环，转到第（5）步。

（3）求解表达式 3。

（4）转回上面第（2）步继续执行。

（5）执行 for 语句后续的语句。

for 循环结构的流程图如图 4.4 所示。可以看出，用 for 语句编写的循环程序，比用 while 语句和 do-while 语句的循环程序更加简洁而精练，因循环变量初始化和循环变量修改都已包括在 for 语句中了，可以避免遗忘出现循环无效或"死循环"，所以，在循环程序设计中 for 语句得到了更为广泛的使用。

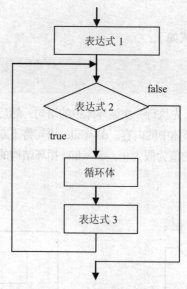

图 4.4 for 循环结构的流程图

【实验任务】
1. 测试下面程序，回答思考题。

```java
public class DoWhileDemo {
    public static void main(String[] args) {
        int i = 0;
        do {
            i++;
        }while(i<6);
        System.out.println("do while :"+i);
        int j = 0;
        while(j<6){
            j++;
        }
        System.out.println("while :"+j);
    }
}
```

思考题：do-while 和 while 用法上的主要区别是什么？

2. 编写程序计算三门课的平均成绩，要求应用程序分别用 Java 语言不同的循环语句实现，每门课的成绩用 Math 类的 random()方法随机产生，成绩范围为 40～100。分别用 while、do-while 和 for 结构实现。

（1）用 while 循环结构实现。

```java
//Average.java
public class Average
{   public static void main(String[] args)
    {   int sum=0,    n=0, score;
        double avg;
        while(n<3)
        {   score=(int)(Math.random()*61)+40;   //random()返回值为[0,1)
            System.out.println("成绩 score="+score);
            sum=sum+score;
```

```
            n=n+1;
        }
        avg=(double)sum/n;
        System.out.println("平均成绩 avg="+avg);
    }
}
```

（2）用 do-while 循环结构实现。

```
//AverageD.java
public class AverageD
{   public static void main(String[] args)
    {   int sum=0,    n=0, score;
        double avg;
        do
        {   score=(int)(Math.random()*61)+40;
            System.out.println("成绩 score="+score);
            sum=sum+score;
            n=n+1;
        }while(n<3);
        avg=(double)sum/n;
        System.out.println("平均成绩 avg="+avg);
    }
}
```

（3）用 for 循环结构实现。

```
//AverageF.java
public class AverageF
{   public static void main(String[] args)
    {   int sum=0,    n,   score;
        double avg;
        for(n=0;n<3;n++)
        {   score=(int)(Math.random()*61)+40;
            System.out.println("成绩 score="+score);
            sum=sum+score;
        }
        avg=(double)sum/n;
        System.out.println("平均成绩 avg="+avg);
    }
}
```

思考题： 实现同样的问题，你喜欢哪种循环结构呢？为什么？

实验 3　循环嵌套

实验题目： 编写程序在 Applet 界面上，打印由字符 "*" 组成的实心菱形。
程序运行结果如图 4.5 所示。

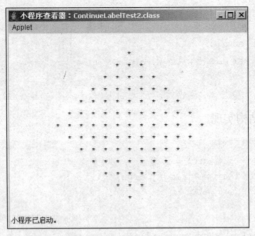

图 4.5 实验结果图示

测试分析下面的源程序，回答思考题。

```java
//ContinueLabelTest2.java
import java.applet.Applet;
import java.awt.*;
public class ContinueLabelTest2 extends Applet
{   public void paint(Graphics g)
    {   int row,r;
        for ( row=1; row<=7; row++ )
        {   int x=220-20*row;
            int y=20+20*row;
            for (int column=1; column<=2*row-1; column++ )
                g.drawString("*",x+20*(column-1),y );
        }
        for ( r=row-2; r>=1; r--,row++ )
        {   int x=220-20*r;
            int y=20+20*row;
            for (int column=2*r-1; column>=1; column-- )
                g.drawString("*",x+20*(column-1),y );
        }
    }
}
```

思考题：第一个 for 循环嵌套什么功能？第二个 for 循环嵌套什么功能？外循环控制图案的行数，内循环控制*的个数，对吗？*的个数和行数有关系吗？

实验 4 迭代和穷举算法

【实验指导】

任何可计算性问题的解决过程，都可以转化为按指定顺序执行的一系列操作。通过确定要执行的操作，并安排操作执行的次序来解决问题的步骤称为算法。程序流程图、伪码可以帮助程序员，在用某种编程语言编写程序之前，开发算法，更好地"思考"程序总体结构。算法本身与编程语言无关，语言只是实现算法的工具。

1. 迭代算法

迭代就是不断由已知值推出新值，直到求解为止。显然，迭代算法是利用计算机的高速运算能力，和循环程序来实现。一般来说迭代由3个环节组成：

- 迭代初始值；
- 迭代公式；
- 迭代终止条件。

2. 穷举算法

穷举也称枚举，是最常用的算法之一，它的基本思想是——列举各种可能进行的测试，从中找出符合条件的解。计算机能够实现高速运算，是由于它借助于循环结构实现穷举，它比人工操作更为有效。

尽管计算机可以实现高速运算，但设计穷举算法时，仍希望尽量缩小穷举的规模。或者说，在保证思路严密、清晰、有条理、不漏掉解的前提下，尽量减小穷举的规模。

3. 递归算法

在数学和数据结构中经常见到递归定义，递归就是"自己"直接或间接地定义或调用"自己"，或"自己"由"自己"部分地组成。例如：

$$n! = \begin{cases} 1 & n=0 \\ n \times (n-1)! & n>0 \end{cases}$$

$$x^n = \begin{cases} 1 & n=0 \\ x \times x^{n-1} & n>0 \end{cases}$$

在程序中通过递归调用可以使问题的规模不断缩小，使用递归算法可以把某些问题描述得非常简练。

设计递归程序时一般分两个步骤：一个步骤是通过直接或间接地调用"自己"的操作，变为求解范围缩小的同性质问题的结果，一层一层地缩小求解范围，直到递归终止条件，称递推；另一个步骤是利用已得的结果和一个简单的操作来求得问题上一层的解答，一层一层地回推，直到问题的最后解答，称回归。这样一个问题的解答将依赖于一个同性质问题的解答，而解答这个同性质问题实际上就是用不同的参数（体现范围缩小）来调用递归方法自身。

任何一个递归方法都必须有"递归头"或称递归终止条件，即当同性质的问题被简化得足够简单时，将可以直接获得问题的答案，而不必再调用自身。递归方法的主要内容包括定义递归终止条件和定义如何从同性质的简化问题求得当前问题两个部分。

递归程序结构清晰，程序易读，可以用简单的程序来解决一些复杂的问题，但递归程序要求较大的内存容量，程序的运行效率较低。因此在求解规模较大的问题时，常常可以先写它的递归程序，再根据一定的规则将这个递归程序转换成相应的非递归程序。

【实验任务】

1．用迭代算法编程计算：$2^0 + 2^1 + 2^2 + \cdots + 2^{63}$，输出结果：

sum= 1.8446744E19   2^63= 9.223372E18

参考源程序：

```
//DDDemo.java
class DDDemo
{   public static void main(String args[])
    {   float t=1, s=0;
```

```
            for(int i=0;i<64;i++)
            {    s+=t;
                 t*=2;
            }
            System.out.println(" sum= "+s+"\t 2^63= "+t/2);
        }
    }
```

源程序分析、说明：

（1）迭代就是不断由已知值推出新值，直到求解为止。

（2）本实验包含两次迭代算法：

累加和 s：　　s=0;　　s=s+t;

累加项 t：　　t=1;　　t=t*2;

许多同学往往会用求累加和 s 一个迭代算法，而用数学类的方法求累加项 t，如 t=Math.pow(2,i)求得 2^i。但累加项 t 应用迭代算法可以提高程序运行速度。

2. 用穷举算法编程求 3 位数，其个、十和百位数的立方和就是这个 3 位数。

运行结果：

```
i=1,j=5,k=3,s=153
i=3,j=7,k=0,s=370
i=3,j=7,k=1,s=371
i=4,j=0,k=7,s=407
```

参考源程序：

```
        //LoopTest6.java
        class LoopTest6
        {   public static void main(String args[])
            {   System.out.println(" 百、十、个位数的立方和就是三位数 :");
                for( int i=1; i<=9; i++)
                    for( int j=0; j<=9; j++)
                        for( int k=0; k<=9; k++)
                        {   int s=i*100+j*10+k;
                            if(i*i*i+j*j*j+k*k*k==s)
                            System.out.println(" i="+i+",j="+j+",k="+k+",s="+s);
                        }
            }
        }
```

源程序分析、说明：

（1）穷举也称枚举，是最常用的算法之一，它的基本思想是——列举各种可能进行的测试，从中找出符合条件的解。

（2）利用三重循环嵌套求解，i 循环 j 循环 k 循环分别代表百、十、个位数的穷举，当找到满足条件：i*i*i+j*j*j+k*k*k ＝ i*100+j*10+k 打印输出。

（3）以下是采用单循环的解决方案源程序：

```
        class LoopTest61
        {   public static void main(String args[])
            {   int abc,a,b,c;
                System.out.println(" 百、十、个位数的立方和就是 3 位数 :");
                for( abc=100; abc<=999; abc++)
```

```
            {   a=abc/100;
                b=abc%100/10;
                c=abc%10;
                if(a*a*a+b*b*b+c*c*c==abc)
                    System.out.println("  a="+a+",b="+b+",c="+c+",s="+abc);
            }
        }
    }
```

（4）结构化编程（SP）解决方案：Java 是纯面向对象程序设计语言，但 Java 也可以将应用程序主类分解成一系列静态方法组成的模块，由 main 方法调用处理模块解决问题。这种解决方案提高了程序的可读性和可靠性。由于 main 为静态方法，只有静态方法组成的模块才允许被 main 方法调用，否则编译出错。

```
class LoopTest6G
{   public static void main(String args[])
    {   System.out.println(" 百、十、个位数的立方和就是 3 位数 :");
        QJ();
    }
    public static void QJ()
    {   for( int i=1; i<=9; i++)
            for( int j=0; j<=9; j++)
                for( int k=0; k<=9; k++)
                {   int s=i*100+j*10+k;
                    if(i*i*i+j*j*j+k*k*k==s)
                        System.out.println("i="+i+",j="+j+",k="+k+",s="+s);
                }
    }
}
```

3. 用递归算法编程求 Fibonacci 数列的前 20 个数，并输出结果。

第 0 个数为: 0
第 1 个数为: 1
第 2 个数为: 1
第 3 个数为: 2
第 4 个数为: 3
第 5 个数为: 5
第 6 个数为: 8
第 7 个数为: 13
第 8 个数为: 21
第 9 个数为: 34
第 10 个数为: 55
第 11 个数为: 89
第 12 个数为: 144
第 13 个数为: 233
第 14 个数为: 377
第 15 个数为: 610
第 16 个数为: 987

第 17 个数为：1597
第 18 个数为：2584
第 19 个数为：4181
第 20 个数为：6765

参考源程序：

```java
//Fibonacci.java
class Fibonacci
{   public static void main(String args[])
    {   int a,s;
        System.out.println("Fibonacci 数列前20 个数为: ");
        for(a=0;a<=20;a++)
        {   s=FS(a); System.out.println("第"+a+"个数为: "+s);  }
    }
    public static  int FS(int a)
    {   if(a==0) return 0;
        if(a==1) return 1;
        return FS(a-2)+FS(a-1);
    }
}
```

源程序分析：

（1）递归是方法自己调用自己的编程算法，在程序中通过递归调用可以使问题的规模不断缩小，使用递归算法可以把某些问题描述得非常简练。

（2）任何一个递归方法都必须有"递归头"或称递归终止条件，即当同性质的问题被简化得足够简单时，将可以直接获得问题的答案，而不必再调用自身。

（3）递归程序结构清晰，程序易读，可以用简单的程序来解决一些复杂的问题，但递归程序要求较大的内存容量，程序的运行效率较低。因此在求解规模较大的问题时，常常可以先写它的递归程序，再根据一定的规则将这个递归程序转换成相应的非递归程序。

实验 5　综合实践

1. 实验题目：编写程序统计及格和不及格人数，及全班的平均成绩。

要求：每门课的成绩用 Math 类的 random() 方法随机产生，成绩范围为 40～100。

学生数由输入循环控制，当键入成绩为-1 时，结束循环。

程序运行结果如图 4.6 所示。

参考源程序：

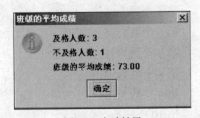

图 4.6　实验结果

```java
// Class average program with sentinel-controlled repetition
import javax.swing.JOptionPane;
import java.text.DecimalFormat;
public class Average2
{   public static void main( String args[] )
    {   int gradeC= 0,     failures=0,  passes=0,  //学生数, 不及格和及格记数器
```

```
                gradeV,         total = 0;              //课成绩, 总成绩
                double average;                          //平均成绩
                String input,output;                     //成绩输入, 结果输出字符串
                input = JOptionPane.showInputDialog("键入成绩, -1结束循环:" );
                gradeV = Integer.parseInt( input );      //将键入的字符串转换为整数
                while ( gradeV != -1 )
                {   total = total + gradeV;
                    gradeC = gradeC + 1;
                    if(gradeV>=60)     passes=passes+1;   //将不及格和及格人数分别记数
                    else            failures=failures+1;
                    input = JOptionPane.showInputDialog("键入成绩, -1结束循环:" );
                    gradeV = Integer.parseInt( input );
                }
                DecimalFormat twoDigits = new DecimalFormat( "0.00" );
                if ( gradeC != 0 )
                {   average = (double) total / gradeC;
                    output = "及格人数: " + passes + "\n不及格人数: " + failures+
                        "\n班级的平均成绩: "+ twoDigits.format( average );
                    JOptionPane.showMessageDialog( null,output,
                        "班级的平均成绩",JOptionPane.INFORMATION_MESSAGE );
                }
                else
                    JOptionPane.showMessageDialog( null,"No grades were entered",
                        "班级的平均成绩",JOptionPane.INFORMATION_MESSAGE );
                System.exit( 0 );
            }
        }
```

思考题: JOptionPane.showInputDialog()方法和 JOptionPane.showMessageDialo()方法在程序中有什么作用？Integer.parseInt()方法有什么作用？

2. 实验题目: 编写程序，输出某个学生三门课的各课成绩及平均成绩。要求每门课的成绩用 Math 类的 random()方法随机产生，成绩范围为 40～100。 通过 4 种方案，分别实现：

（1）循环控制变量 n 在主类中定义；

（2）循环控制变量 n 在 for 语句中定义；

（3）循环控制变量 n 修改，循环体全部放在 for 语句的表达式 3 中；

（4）for 语句全空。

参考源程序:

（1）循环控制变量 n 在主类中定义:

```
//AverageF1.java——循环控制变量n在主类的main方法中定义
    public class AverageF1
    {   public static void main(String[] args)
        {   int sum=0,    n,    score;
            double avg;
            for(n=0;n<3;n++)
            {   score=(int)(Math.random()*61)+40;
                System.out.println("成绩score="+score);
                sum=sum+score;
```

```
        avg=(double)sum/n;
        System.out.println("平均成绩avg="+avg);
    }
}
```

思考题：在 main()方法中定义的变量，是全局变量还是局部变量？在 for 语句中是有效的吗？

（2）循环控制变量 n 在 for 语句中定义：

```
//AverageF2.java——循环控制变量n在for语句中定义
public class AverageF2
{   public static void main(String[] args)
    {   int sum=0,    score,i=0;
        double avg;
        for(int n=0;n<3;n++)
        {   score=(int)(Math.random()*61)+40;
            System.out.println("成绩score="+score);
            sum=sum+score;
            i=n;
        }
        avg=(double)sum/(i+1);
        System.out.println("平均成绩avg="+avg);
    }
}
```

思考题：for 语句中定义的变量 n，在 for 循环之外能够使用吗？为什么这里定义了变量 i？

（3）循环控制变量 n 修改，循环体全部放在 for 语句的表达式 3 中。

```
//AverageF3.java——循环控制变量n修改,循环体全部放在for语句的表达式3中
public class AverageF3
{   public static void main(String[] args)
    {   int sum=0,    score,n=0;
        double avg;
        for(n=0;n<3;score=(int)(Math.random()*61)+40,
            System.out.println("成绩score="+score),n++,sum+=score);
        avg=(double)sum/n;
        System.out.println("平均成绩avg="+avg);
    }
}
```

思考题：循环语句全部放到 for 语句的表达式 3 中，请思考语句的顺序重要吗？

（4）for 语句全空：

```
//AverageF4.java——for语句全空
public class AverageF4
{   public static void main(String[] args)
    {   int sum=0,    score,n=0;
        double avg;
        for(;;)
        {   if(n>=3) break;
            else
            {   score=(int)(Math.random()*61)+40;
                System.out.println("成绩score="+score);
                sum=sum+score;
                n=n+1;
```

```
            }
        }
        avg=(double)sum/n;
        System.out.println("平均成绩avg="+avg);
    }
}
```

思考题：for 语句全空是不是相当于 while(true)语句？程序中 break 语句起到了什么作用？如果将 if 条件语句修改为 if(n<3)，程序怎么修改？

第 5 章
Java 数组

5.1 知识点

1. 数组概念

数组是由相同类型的元素组成的集合。这些元素既可以是简单数据类型，也可以是复合数据类型。元素在数组中的相对位置由下标来表示。数组中的元素通过数组名和其后的一对中括号中的下标整数值来引用。例如，记录 100 个同学的成绩可以分别用 score[0]、score[1]、score[2]、…、score[99]的数组元素来引用，这样就方便了很多。

在 Java 语言中，数组是一种特殊的对象。数组与对象的使用一样，都需要定义类型（声明）、分配内存空间（创建）和释放。Java 中用 new 运算符为数组分配内存空间，而对空间的收回则由垃圾回收器自动进行。这一点与 C/C++不同，C/C++对内存的管理是由程序控制的。

在使用数组时，会涉及以下几个名词。

（1）数组名。数组名应该符合 Java 语言标识符的命名规则。

（2）数组的类型。数组用来存储相同类型的数据，因此数组的类型就是其所存储的元素的数据类型。

（3）数组的长度。数组的长度指的是数组中可以容纳的元素的个数，而不是数组所占用的字节数。

数组作为一种特殊的数据类型，具有以下特点。

（1）一个数组中，所有的元素是同一类型。

（2）数组中的元素是有顺序的。

（3）数组中的元素通过数组名和数组下标来唯一确定，下标从整数 0 开始。

2. 二维数组

对二维数组来说，创建数组的方式有下面几种。

（1）直接为每一维分配长度大小。例如：

```
int a[][]=new int[2][3];
```

该语句创建了一个二维数组 a，其较高一维含两个元素，而每个元素由包含 3 个元素的整型一维数组组成，在该定义中，每行的数组元素都是一样的，即 3 列。该数组元素的分布示意图如图 5.1 所示。

a[0][0]	a[0][1]	a[0][2]
a[1][0]	a[1][1]	a[1][2]

图 5.1 数组分布示意图

（2）从称为高维的第一个下标开始，分别为每一维分配空间。例如：

```
int b[][]=new int[2][];        //定义2行的二维数组，每个元素指向一个整型一维数组
b[0]=new int[3];               //数组b[0]指向的是一个长度为3的整型一维数组
b[1]=new int[5];               //数组b的第二个元素b[1]指向一个长度为5的整型一维数组
```

各行元素的分布示意图如图5.2所示。

b[0][0]	b[0][1]	b[0][2]		
b[1][0]	b[1][1]	b[1][2]	b[1][3]	b[1][4]

图 5.2　元素分布示意图

和 C、C++不同，Java 语言的多维数组并不一定是规则的矩阵形式，也就是说，不要求多维数组的每一维长度相同。

5.2　实验目的

（1）熟悉运用模块化设计方法。
（2）熟悉一维数组的定义和熟悉运用一维数组处理。
（3）了解泡泡排序算法的模块化实现。
（4）熟悉二维数组的定义和元素引用。
（5）了解不等长度的两维数组的定义和应用。
（6）二维数组遍历中内外循环间的关系。
（7）了解 Arrays 类中常用方法的应用。

5.3　实验内容

实验1　一维数组实验

【实验指导】
一维数组声明的格式为：

类型 数组名[];或类型[]数组名;

其中，类型指出了数组中各元素的数据类型，包括基本类型和其他复合类型；数组名为一个标识符；中括号"[]"指明了该变量是一个数组类型变量。在 Java 中，中括号可放置在数组名前边或后边。数组声明之后，接下来就要分配数组所需的内存，这时必须用 new 运算符，例如：

int[] a;   //声明名称为a的整型数组

```
a=new int[10];        //a 数组中包括10个元素，并为这10个元素分配空间
```

这里 a 为引用变量，指向的是分配在堆内存中的数组 10 个元素的首地址 0x8000，如图 5.3 所示。

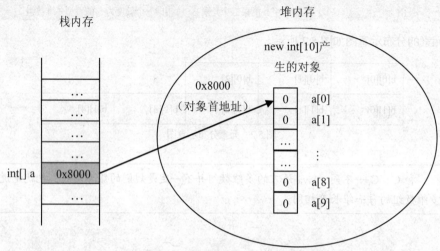

图 5.3 数组引用变量与内存分配

如果想释放数组内存，使任何引用变量不指向堆内存中的数组对象，只要将常量 null 赋予数组即可。例如，将 null 赋予数组 a，执行语句 a=null; 即可。

【实验任务】

1. 分别定义一个 int 型一位数组、char 型一维数组、folat 型一维数组和元素为 String 字符串的一位数组，元素个数分别为 10，并分别输出各个数组的第 6 个元素。

```java
public class TestArray2 {
    public static void main(String[] args) {
        int [] arr1 = new int[10];           //定义 int 型数组，元素默认值为 0
        char [] arr2 = new char[10];         //定义 char 型数组，元素默认值为 \u0000
        float [] arr3 = new float[10];       //定义 float 型数组，元素默认值为 0.0
        String [] arr4 = new String[10];     //定义 String 型数组，元素默认值为 null
        System.out.println(
                "int array default value is "+arr1[5]);
        System.out.println(
                "char array default value is "+arr2[5]);
        System.out.println(
                "float array default value is "+arr3[5]);
        System.out.println(
                "String array default value is "+arr4[5]);
        System.out.println('\u0000');
    }
}
```

2. 写出一个一维数组的 3 种数组元素初始化的方式。

```java
public class TestArray {
    public static void main(String[] args) {
        int []array = new int[10];
```

```
        //以下3种方式适用场合不同
        //第一种给数组赋值的方式
        for(int i=0;i<10;i++){
            array[i]=i+1;
        }
        //第二种给数组赋值的方式
        array[0]=1;
        array[1]=2;
        //....
        array[9]=10;
        //第三种方式给数组元素赋值
        int []array2={1,2,3,4,5,6,6,8,9};

    }
}
```

3. 上机输入以下程序，然后观察程序运行的结果。

```
//字符界面下的一个Application程序：Average.java
public class Average
{
    //主函数
    public static void main(String[] args)
    {
        //定义数组变量，用于存放输入的所有数据
        int intNumber;
        //定义循环变量
        int j;
        //为数组分配内存空间
        intNumber=new int[5];
        //随机生成5个不大于100的数值
        for(j=0;j<intNumber.length;j++)
        {
            intNumber[j]=(int)(Math.random()*100);
            System.out.print(intNumber[j]+" ");
        }
        //输出求出的平均值
        System.out.println("\nThe Average is:"+
            GetAverage(intNumber));
    }
    /*求出数组中所有元素的平均值
    参数intNumber中存放着所要求的平均值的数
    该函数返回求出的数组中所有元素的平均值*/
        static double GetAverage(int intNumber[ ])
        {
            int i,inTotal=0;
            double dblResult;
            //对整个数组进行求和
            for(i=0;i<intNumber.length;i++)
            {
                intTotal=intTotal+intNumber[i];
```

```
        }
                //求出最后的平均值
                dblResult=(double)intTotal/itnNumber.length;
                return dblResult;
        }
}
```

思考题：

（1）程序中有两处定义变量"i"，它们有什么区别？可以删除一处吗？为什么？

（2）本程序的 for 语句中为什么用"i<intNumber.length"，而不直接用"i<5"？

（3）本程序调用 GetAverage 函数输出平均值，如果不使用，可以实现吗？

（4）简述本程序功能。

4. 上机输入以下程序，然后观察程序运行的结果。

```
import java.awt.*;
import javax.swing.*;
public class WhatDoesThisDo extends JApplet
{    int result;
     public void init()
     {   int array[]={1,2,3,4,5,6,7,8,9,10};
         result=whatIsThis(array,array.length);
         Container container=getContentPane();
         JTextArea output=new JtextArea();
         output.setText("Result is:"+result);
         container.add(output);
     }
     public int whatIsThis(int array2[], int size)
     {   if(size==1)
             return array2[0];
         else
             return array2[size-1]+whatIsThis(array2,size-1);
     }
}
```

思考题：Container 是什么概念？JTextArea 是什么概念？

实验 2　二维数组实验

【实验指导】

二维数组声明的一般格式为：

　类型　数组名[][];或　类型[][]　数组名;

其中，类型表示数组元素的数据类型；数组名可以是任意合法的标识符，例如：

```
int a[][];
double[][] b;
```

以下声明是不合法的：

```
int a[2][];        //错误
int b[][3];        //错误
```

```
int c[2][2];    //错误
```

与一维数组一样，二维数组的声明也不能为数组分配内存空间。申请内存空间、创建数组需要用到 new 运算符，通过 new 运算符才可以定义二维数组的行和列的大小。

与一维数组一样，二维数组的初始化也分为静态初始化和动态初始化两种方式。

（1）动态初始化。

对二维数组来说，用 new 关键字分配内存空间，再为元素赋值。例如：

```
int a[][]=new int[2][3];   //定义了2行3列的二维数组
a[0][0]=33;
```

（2）静态初始化。

直接对每个元素进行赋值，在声明和定义数组的同时也为数组分配内存空间。例如：

```
int a[][]={{2,3},{1,3},{2,3}};
```

上述语句声明了一个 3×2 形式的数组，并对每个元素赋值。这种初始化形式不必指出数组每一维的大小，系统会根据初始化时给出的初始值的个数自动算出数组每一维的大小。该数组各个元素的值为：

a[0][0]=2   a[1][0]=1   a[2][0]=2
a[0][1]=3   a[1][1]=3   a[2][1]=3

与一维数组一样，在声明二维数组并初始化时不能指定其长度，否则将出错。例如，int[2][3]={{3,4,5},{7,8,9}};语句在编译时将出错。

【实验任务】

1. 上机输入以下程序，观察二维数组的引用。

```
class testArrayLength
{
    public static void main(String[] args)
    {
        int ia1[];                          //声明数组 ia1
        int[] ia2;                          //声明数组 ia2
        int ia3[]={1,3,5,7,9};              //创建并初始化一维数组 ia3
        int ia4[]=new int[7];               //创建一个长度为7的数组 ia4
        System.out.println("ia3 的长度="+ia3.length);   //length 测定数组长度
        System.out.println("ia4 的长度="+ia4.length);
        int[][] ia5={{1,2},{3,4,5,6},{7,8,9}};          //创建二维数组，每行长度不一
        System.out.println("ia5 的长度="+ia5.length);       //ia5 是3行，各列长度不同
        System.out.println("ia5[0]的长度="+ia5[0].length); //第1个（行）元素的长度
        System.out.println("ia5[1]的长度="+ia5[1].length); //第2个（行）元素的长度
        System.out.println("ia5[2]的长度="+ia5[2].length); //第3个（行）元素的长度
    }
}
```

2. 层级式打印九九乘法表。观察程序运行结果，思考不等长二维数组的实现。

```
public class TestArray5 {
    public static void main(String[]args){
```

```
        int [][]a = new int[9][];
        for(int i=0;i<a.length;i++){
            a[i] = new int[i+1];
        }
        for(int i=0;i<a.length;i++){
            for(int j=0;j<a[i].length;j++){
                a[i][j]=(i+1)*(j+1);
                System.out.print((i+1)+"*"+(j+1)+
                        "="+a[i][j]+" ");
            }
            System.out.println();
        }
    }
}
```

思考题：哪一行代码确定的是九九乘法表的行，哪一行代码确定的是乘法表的列？

3. 一个教室有 8 排，每排有 10 个位子，请用二维数组给座位编号。

```
public class TestArray4 {
    public static void main(String[] args) {
        String [][]students = new String[8][10];
        for(int i=0;i<students.length;i++){
            for(int j=0;j<students[i].length;j++){
                students[i][j]="一号楼201# "+wrap(i*10+j+1);
                System.out.print(
                        "第"+wrap(i+1)+"排"+wrap(j+1)+"位: "
                        +students[i][j]+" ");
            }
            System.out.println();
        }
    }
    public static String wrap(int number){
        return number <= 9 ? "0"+number : number+"";
    }
}
```

实验 3　Arrays 类

【实验指导】

在 Java 中提供了 Arrays 类，Arrays 类位于 java.util 包中，它提供了几个静态方法可以直接使用，可以实现对数组排序、搜索与比较等的一些基本操作。Arrays 类的常用方法说明如下。

- sort()：帮助用户对指定的数组排序，所使用的是快速排序法。
- binarySearch()：让用户对已排序的数组进行二元搜索，如果找到指定的值就返回该值所在的索引，否则就返回负值。
- equals()：比较两个数组中的元素值是否全部相等，如果是将返回 true，否则返回 false。

【实验任务】

上机输入以下程序，观察程序运行结果。

```
// Using Java arrays.
import java.util.*;
```

```java
public class UsingArrays {
    private int intValues[] = { 1, 2, 3, 4, 5, 6 };
    private double doubleValues[] = { 8.4, 9.3, 0.2, 7.9, 3.4 };
    private int intValuesCopy[];

    //数组初始化
    public UsingArrays()
    {
        intValuesCopy = new int[ intValues.length ];
        Arrays.sort( doubleValues );    // 对数组doubleValues排序
        System.arraycopy( intValues, 0, intValuesCopy, 0, intValues.length );
    }

    //输出各个数组的值
    public void printArrays()
    {
        System.out.print( "doubleValues: " );
        for ( int count = 0; count < doubleValues.length; count++ )
            System.out.print( doubleValues[ count ] + " " );

        System.out.print( "\nintValues: " );
        for ( int count = 0; count < intValues.length; count++ )
            System.out.print( intValues[ count ] + " " );

        System.out.print( "\nintValuesCopy: " );
        for ( int count = 0; count < intValuesCopy.length; count++ )
            System.out.print( intValuesCopy[ count ] + " " );
        System.out.println();
    }

    //在数组 intValues 中搜索一个值 value
    public int searchForInt( int value )
    {
        return Arrays.binarySearch( intValues, value );
    }//找到，返回元素的索引，没找到返回一个负值

    //数组比较
    public void printEquality()
    {
        boolean b = Arrays.equals( intValues, intValuesCopy );
        System.out.println( "intValues " + ( b ? "==" : "!=" ) + " intValuesCopy" );
    }

    //执行有关操作
    public static void main( String args[] )
    {
        UsingArrays usingArrays = new UsingArrays();
        usingArrays.printArrays();
        usingArrays.printEquality();
        int location = usingArrays.searchForInt( 5 );
        System.out.println( ( location >= 0 ?
            "Found 5 at element " + location : "5 not found" ) +
            " in intValues" );
    }
}
```

}

程序运行结果:

```
E:\Java-code>javac UsingArrays.java

E:\Java-code>java  UsingArrays
doubleValues: 0.2 3.4 7.9 8.4 9.3
intValues: 1 2 3 4 5 6
intValuesCopy: 1 2 3 4 5 6
intValues == intValuesCopy
Found 5 at element 4 in intValues
```

思考题：程序中使用了 Arrays 类的哪几个方法？是如何使用的?

实验4　综合实践

1. 定义一个 int 型的一维数组，包含 10 个元素，分别赋一些随机整数(1~100)，然后求出所有元素的最大值、最小值、平均值、和值，并进行输出。

```java
class TestArray3 {
    public static void main(String[] args) {
        //1.定义一个大小为10的int类型一维数组
        int[] array = new int[10];
        //2.随机给数组赋1~100之间的整数值
        initValue(array);
        //3.显示数组中元素值
        show("数组元素如下: ",array);
        //4.求最大值
        int max = maxValue(array);
        show("最大值为",max);
        //5.求最小值
        int min = minValue(array);
        show("最小值为",min);
        //6.求平均值
        int avg = avgValue(array);
        show("平均值为",avg);
        //7.求和值
        int sum = sumValue(array);
        show("和值为",sum);
    }

    //初始化数组元素
    public static void initValue(int[] array){
        for(int i=0;i<array.length;i++){
```

```java
            //产生1~100之间的随机数
            array[i] =    (new java.util.Random()).nextInt(100)+1;
        }
    }
    /**
     * 显示数组元素
     * @param message 消息
     * @param array 数组
     */
    public static void show(String message, int []array){
        System.out.println(message);
        for(int i=0;i<array.length;i++){
            System.out.print(i+":"+array[i]+" ");
            if((i+1)%5==0)System.out.println();
        }
    }
    /**
     * 显示输出
     * @param message 消息
     * @param val 值
     */
    public static void show(String message,int val){
        System.out.println(message+":"+val);
    }
    /**
     * 求最大值
     * @param array
     * @return
     */
    public static int maxValue(int []array){
        int max = -1;
        for(int i=0;i<array.length;i++){
            if(max < array[i]){
                max = array[i];
            }
        }
        return max;
    }
    public static int minValue(int []array){
        int min = 10000;
        for(int i=0;i<array.length;i++){
            if(min > array[i]){
                min = array[i];
            }
        }
        return min;
    }
    //求平均值的方法
    public static int avgValue(int []array){
        int total = 0;
        for(int i = 0;i<array.length;i++){
            total+=array[i];
        }
```

```
        return (int)(total/array.length+0.5);
    }
    //求和值的方法
    public static int sumValue(int []array){
        int sum=0;
        for(int i=0;i<array.length;i++){
            sum+=array[i];
        }
        return sum;
    }
}
```

思考题：方法 initValue()及 show()方法等系列方法前面的 static 修改符在该程序中去掉可以吗？如果不可以为什么？如果要取消 static，程序该如何修改？

2. 使用模块化设计方法实现泡泡排序，程序运行结果：

```
a 数组之长度:8

原 a 数组：
49  38  65  97  27  18  99  6

泡泡排序后的 a 数组结果：
6  18  27  38  49  65  97  99

元素修改后的 a 数组：
6  18  27  38  49  65  97  99
```

参考源程序：

```
class ArrayTest3
{   public static void main(String args[])
    {   int i,j;
        int a[]={49,38,65,97,27,18,99,6};
        int k=a.length;
        System.out.println(" a 数组之长度:"+k);
        System.out.println("\n 原 a 数组: ");
        displayArray(a);
        System.out.println(" 泡泡排序后的 a 数组结果: ");
        bbsort(a);    displayArray(a);
        System.out.println("\n 元素修改后的 a 数组: ");
        element(a[1]);    displayArray(a);
    }
    static void bbsort(int a[])
    {   for(int i=0;i<a.length-1;i++)
            for(int j=0;j<a.length-i-1;j++)
            {   if(a[j]>a[j+1])
                {   int t=a[j];       a[j]=a[j+1];  a[j+1]=t;}
            }
    }
    static void displayArray(int a[])
    {   for(int i=0;i<a.length;i++)
            System.out.print(" "+ a[i]+" ");
        System.out.println( "\n");
```

```
    }
    static void element(int e)
    {    e*=2;              }
}
```

思考题：

（1）程序中 a.length 表示什么含义？

（2）数组的第一个元素的起始下标是 0 还是 1？最后一个元素如何表示？

（3）Java 规定：基本数据类型总是采用值调用（call by value 或叫作 pass by value），对象只能通过传递对象的引用调用（call by reference 或叫作 pass by reference）是这样吗？

（4）程序中的 element(a[1])方法是值调用还是引用调用？调用的结果是否达到改变数组元素值的目的？如果没有为什么？（提示：注意传值调用和传引用调用的不同）

（5）试想想冒泡排序的原理。

3. 利用一维数组实现 Fibonacci 数列前 10 项。

```
//字符界面下的一个 Application 程序: Fibonacci.java
public class Fibonacci
{
    //主函数
    public static void main(String[ ] args)
    {
        //定义数组变量，用于存放数据
        int f[ ]=new int[10];
        f[0]=1;
        f[1]=1;
        //计算 Fibonacci 数列第 3 项到第 10 项的值
        for(int i=2;i<10;i++)
            f[i]=f[i-2]+f[i-1];
        //输出 Fibonacci 数列前 10 项的值
        for(int j=0;j<10;j++)
        {
            System.out.print(f[j]+"\t");
        }
    }
}
```

思考题：编译和执行本程序后，体会 Java 语言中数组的使用要经过哪 3 个过程？它们是如何实现的？

4. 设计二维数组，输出、处理杨辉三角形，显示 10 行的杨辉三角形：

```
1
1    1
1    2    1
1    3    3    1
1    4    6    4    1
1    5    10   10   5    1
1    6    15   20   15   6    1
1    7    21   35   35   21   7    1
```

| 1 | 8 | 28 | 56 | 70 | 56 | 28 | 8 | 1 | |
| 1 | 9 | 36 | 84 | 126 | 126 | 84 | 36 | 9 | 1 |

杨辉三角形的数列用不等长度的两维数组表示。元素数组的第一个和最后一个元素皆为1，而第i行，第j列的元素 m[i][j]是上一行相对应元素及它前一个元素两个值之和，即：

```
m[i][j]= m[i-1][j]+ m[i-1][j-1]
```

参考源程序：

```java
class Array2yhk
{   public static void main(String args[])
    {   int i,j,row=10;
        int m[][];//两维数组m的最高维数为
        m=new int[row][];
        create(m);
        System.out.println("显示"+row+"行的杨辉三角形:" );
        display(m);
        ncreate(m);
        System.out.println("显示"+row+"行的随机数三角形:" );
        display(m);
    }
    public static void create(int m[][])
    {   int i,j;
        for( i=0;i<m.length;i++)
            m[i]=new int[i+1];
        for(i=0;i<m.length;i++)
        {   m[i][0]=1;
            for(j=1;j<m[i].length-1;j++)
                m[i][j]=m[i-1][j-1]+m[i-1][j];
            m[i][m[i].length-1]=1;
        }
    }
    public static void display(int m[][])
    {   int i,j;
        for( i=0;i<m.length;i++)
        {   for( j=0;j<m[i].length;j++)
                System.out.print(m[i][j]+"\t");
            System.out.println( );
        }
    }
    public static void ncreate(int m[][])
    {   int i,j;
        for(i=0;i<m.length;i++)
        {   for(j=0;j<m[i].length;j++)
                m[i][j]=(int)(Math.random()*100)+1;
        }
    }
}
```

思考题：
（1）二维数组能不能理解为元素为一维数组的一个一维数组？
（2）二维数组元素的赋值和输出可方便地引用行和列两重循环嵌套，行下标优先，对吗？
（3）根据程序输出结果，进一步分析杨辉三角形的特征。

第 6 章 类的结构和设计

6.1 知识点

（1）面向对象技术具有 3 个重要特征：封装（encapsulation）、继承（inheritance）和多态（polymorphism）。

（2）class 关键字告诉编译器这是一个类的定义，class 后面紧跟的是类名，类名必须是合法的自定义标识符。一般首字母大写。

（3）成员变量的声明必须放在类体中，通常是在成员方法之前。在方法中声明的变量不是成员变量，而是方法的局部变量，二者是有区别的。

（4）创建对象包括3个组成部分：对象的声明、对象实例化和对象初始化。

（5）在堆中产生了一个数组或对象后，还可以在栈中定义一个特殊的引用变量，在栈中的这个变量的取值等于数组或对象**在堆内存中的首地址**，栈中的这个变量就成了数组或对象的引用变量。

（6）构造方法的名称必须与它所在类的类名完全相同（包括大小写），没有返回值，void 也不能用，因为一个类的构造方法的返回值的类型就是该类的对象。

（7）静态变量是一个公共的存储单元，不保存在某个对象实例的内存空间中，而是保存在类的内存空间的公共存储单元中。

（8）当方法的参数是**类**类型时，方法的实参就是一个对象，这就是对象作为方法参数的情形。在<u>基本数据类型</u>的变量作为方法参数的情形下，进行方法调用时的语义动作，是将实参的一个拷贝值传递给相应的形参，称作传值调用。

（9）当调用一个重载的方法时，Java 编译器通过检查调用语句中参数的个数、类型及次序就可以选择匹配的方法。

（10）Java 程序在执行子类的构造方法之前，先调用父类的构造方法。

（11）在子类中，若定义了与父类同名的成员变量，则只有子类的成员变量有效，而父类中的成员变量无效，意味着子类隐藏了父类同名的成员变量。

（12）当子类声明了一个与父类同名的成员方法，子类的成员方法就重构了（或覆盖）了与父类对应的成员方法。

（13）由关键字 abstract 说明的类为抽象类，抽象类包含有抽象方法。

（14）接口与类存在着本质上的差别，类有它的成员变量和成员方法，而接口只有常量和方法协议，从概念上来讲，接口是一组抽象方法和常量的集合。

(15) 在使用接口时，类与接口之间并不存在子类与父类的那种继承关系，在实现接口所规定的某些操作时，只存在类中的方法与接口中的方法协议保持一致的关系。

(16) 包是对类和接口进行组织和管理的目录结构。

(17) 当程序不能正常运行或运行结果不正确时，表明程序中有错误。按照错误的性质可将错误分为语法错、语义错和逻辑错。

6.2 实验目的

(1) 学习类和对象/实例的定义。
(2) 学习类的变量成员和方法成员定义。
(3) 学习类的类成员和实例成员。
(4) 学习类中方法参数的传递和调用。
(5) 学习对象比较和字符串比较。
(6) 学习主类和辅助类之间的关系。
(7) 学习 Java 继承和多态的实际应用。
(8) 能够综合应用类的结构，进行程序设计。

6.3 实验内容

实验 1 类的定义及对象的创建、使用

【值得注意的问题】

(1) 对成员变量的操作只能放在方法中，方法可以对成员变量和该方法体中声明的局部变量进行操作。在声明类的成员变量时可以同时赋予初值。例如：

```
class Welcome{
  int i=9;
  float f=8.34f;
```

但是不可以这样做：

```
class Welcome{
  int i;
  folat f;
  i=9;      //非法，这是赋值语句，语句只能出现在方法体中，不是变量的声明
  f=8.34f;  //非法，与上一行同理
}
```

类体的内容由成员变量的声明和方法的定义两部分组成，所以下面的写法是正确的：

```
class Welcome{
  int i;
```

```
    float f;
    void method{
      int a, b;
      a=12;
      b=-6;
      i=9;
      f=8.34f;
    }
}
```

(2) 实例方法既能对类变量操作也能对实例变量操作,而类方法只能对类变量进行操作。

(3) 一个类中的方法可以互相调用,实例方法可以调用该类中的其他方法;类中的类方法只能调用该类的类方法,不能调用实例方法。

【基础部分】

1. 选择题

(1) 下列说法正确的是( )。

A. 不需定义类,就能创建对象
B. 属性可以是简单变量,也可以是一个对象
C. 属性必须是简单变量
D. 对象中必有属性和方法

(2) 下列说法正确的是( )。

A. 一个源文件中可以有一个以上的公共类
B. 一个源文件只能供一个程序使用
C. 一个源文件只能有一个方法
D. 一个程序可以包含多个源文件

(3) 构造函数在( )被调用。

A. 类定义时
B. 使用对象的属性时
C. 使用对象的方法时
D. 对象被创建时

(4) 被声明为 private,protected 及 public 的类成员,对于在类的外部,以下说法正确的是( )。

A. 都不能访问
B. 都可以访问
C. 只能访问声明为 public 的成员
D. 只能访问声明为 protected 和 public 的成员

(5) 下列说法正确的是( )。

A. 子类不能定义和父类同名同参数的方法
B. 子类只能重载父类的方法,而不能覆盖
C. 重载就是一个类中有多个同名但有不同形参和方法体的方法
D. 子类只能覆盖父类的方法,而不能重载

(6) 下列关于继承的说法,正确的是( )。

A. 子类只继承父类 public 方法和属性

B. 子类继承父类的非私有属性和方法
C. 子类只继承父类的方法，而不继承父类的属性
D. 子类将继承父类的所有的属性和方法

（7）下列关于抽象类的说法，正确的是（　　　）。
A. 某个抽象类的父类是抽象类，则这个子类必须重写父类的所有抽象方法
B. 抽象类不可以被继承
C. 抽象类不能用 new 运算符创建对象
D. 抽象类中不可以有非抽象方法

（8）下列说法正确的是（　　　）。
A. 在一个类中引用其他自定义类，必须将两个类定义放在一个.java 文件中
B. 要引用同目录下的其他.class 文件，必须在 classpath 变量中设置该路径
C. 引用不同目录下的类，只要在 classpath 变量中设置好该路径即可
D. 只要.class 文件放在同一目录下，引用其他类不需要作任何说明

2. 判断正误
（1）方法的形参只能是简单变量。（　　　）
（2）同一个类的对象使用不同的内存段，但静态成员共享相同的内存空间。（　　　）
（3）抽象类中的抽象方法必须在该类的子类中具体实现。（　　　）
（4）最终类不能派生子类，最终方法不能被覆盖。（　　　）
（5）引用一个类的一般属性或调用其一般方法时，必须以这个类的对象为前缀。（　　　）

【阅读 Person 类的定义，回答问题】

```
public class Person{
   private String name;
   private String sex;
   private int age;

   public Person (String  name)
   {
      setName(name);
      setSex("m/f");
      setAge(-1);
   }

   public Person(String name, String sex, int age)
   {
    setName(name);
    setSex(sex);
    setAge(age);
}
public void setName(String name)
{
   this. name=name;
 }
public void setSex(String sex)
{
   this.sex=sex;
}
public void setAge(int age)
```

```
    {
      this.age=age;
    }
    public String getName()
    {
      return  name;
    }
    public String getSex()
    {
      return sex;
    }
    public int getAge()
    {
      return age;
    }
    public String toPersonString()
    {
      if(sex=="m/f"&& age==-1)
        return getName();

      else return getName()+" is "+getAge()+" years old, "+getSex();
    }
    }  //Person 类定义结束
```

（1）如下代码段的输出结果是什么？

```
  Person person=new Person("Li yi","male",21);
System.out.println(person.toPersonString());
```
答案：

（2）如下代码段的输出结果是什么？

```
Person person=new Person("李四","m/f",-1);
System.out.println(person.toPersonString());
```
答案：

思考题：main()主方法的作用是什么？其参数类型和修饰符可以缺少吗？观察程序，回答私有变量的一般访问方式是什么？

【程序填空】

```
public class Book {
     //private 修饰的属性只能在本类内部使用
     //public 修饰的属性或方法在任何地方都可以使用
```

(1) 定义类型为字符串的书名 name 变量

```
     public float price;
     public String publisher;
     public static void main(String[]args){
```

(2) 利用默认无参构造方法创建 Book 类的对象 b

```
         b.name="java 程序设计";
         b.price=39;
```

```
        b.publisher="清华大学出版社";
```
（3）输出 Book 类的成员变量 name、pricehe 和出版社名称 publisher

```
    }
}
```

思考题：练习编写一个动物类(Animal)，动物具有名字(name)、年龄(age)等特征，拥有吃的能力(eat)、攻击的能力(attach)；然后编写一个测试类，实例化一个动物并输出该动物的名字、年龄，调用该动物的吃的方法和攻击的方法。

实验2　对象比较和字符串的比较

【实验指导】

对于基本数据类型来说，当两个变量比较时，比较它们的内容，内容就是它们实际的值。基本数据类型只有一种比较方式，考虑以下代码输出结果是什么？

```
int num1=34 ,num2=34;
if(num1==num2){
  System.out.pritnln("它们是相等的");
}else{
  System.out.println("它们是不相等的");
由于num1和num2具有相同的值，所以输出结构应该是:
  它们是相等的
```

但是，对于对象来说，作为引用数据类型，其内容是存放对象的地址值。使用相等检验"= ="，如实验2程序中所示，不同的 String 对象，存储不同的地址，因此代码2中的 str3 和 str4 的内容是不一样的，比较的结果就是不相等的，无论何时使用 new 运算符，都将产生一个新的对象。如果不使用 new 运算符，字符串数据就被视作简单数据类型。当程序中使用相同的 String 类型常量时，只创建一个 String 对象。

String 比较方式是采用 equals 方法。

equals 方法是 String 类中的一个常用方法。方法原型是：

```
            public Boolean equals(String s)
```

方法用途：字符串对象调用 equals（String s）是比较当前字符串对象的实体是否与参数 s 指定的字符串的实体相同，例如：

String s1=new String(" I'm a student");

String s2=new String("He is a student");

String s3=new String("I'm a student");

那么，s1.equals(s2)的值是 false，s2.equals(s3)的值是 true。

【实验任务】

类定义的对象名称是一个引用变量，该引用变量存放的是该对象在内存中的首地址。那么针对两个对象，什么情况下比较的是对象中存放的内容，又什么情况下比较的是两个对象引用变量所保存的地址呢？

实验题目：阅读以下程序，思考以上问题，根据注释行中提示，程序填空，并上机验证。

```
public class StringA{
    public static void main(String[] args){
    String str1="Hello";    //String 是系统的字符串类
    String str2="Hello";
    String str3=new String("Hello");
    String str4=new String("Hello");
    System.out.println("关于==运算符：");
    <代码1>   /*用运算符"=="比较tr1和str2, 如果相等, 则显示"tr1和str2相等", 否则显示"tr1和str2不相等"*/
    <代码2>   /*用运算符"=="比较tr3和str4, 如果相等, 则显示"tr3和str4相等", 否则显示"tr3和str4不相等"*/
    <代码3>   /*用运算符"=="比较tr2和str3, 如果相等, 则显示"tr2和str3相等", 否则显示"tr2和str3不相等"*/
    System.out.println("关于equals方法：");
    <代码4>   /*用equals方法比较tr1和str2, 如果相等, 则显示"tr1和str2相等", 否则显示"tr1和str2不相等"*/
    <代码5>   /*用equals方法比较tr3和str4, 如果相等, 则显示"tr3和str4相等", 否则显示"tr3和str4不相等"*/
    <代码6>   /*用equals方法比较tr2和str3, 如果相等, 则显示"tr2和str3相等", 否则显示"tr2和str3不相等"*/
    }
}
```

程序运行结果（TextPad 环境下）如图 6.1 所示。

图 6.1 程序运行结果

思考题：为什么 str1 和 str2 值相等，str3 和 str4、str2 和 str3 不相等？而它们指向的字符串内容是一样的。"=="和 equals 方法的含义一样吗？

实验 3 引用型参数传递

【实验指导】

将数组传递给方法。数组和对象都是一种引用数据类型。在方法调用中，引用型参数传递往往也叫有关内存地址的调用，常常简称传地址调用，相对于传值调用。这里通过 3 个示例，以数组为代表，来说明参数的引用传递。

如图 6.2 所示，在调用 searchMin 方法时，则传递的是对数组的引用，而不是整个数组。以 arrayOne 为参数调用该方法时，内存状态如图 6.3 所示，有两个引用指向同一个数组，而该方法并没有创建数组的备份。

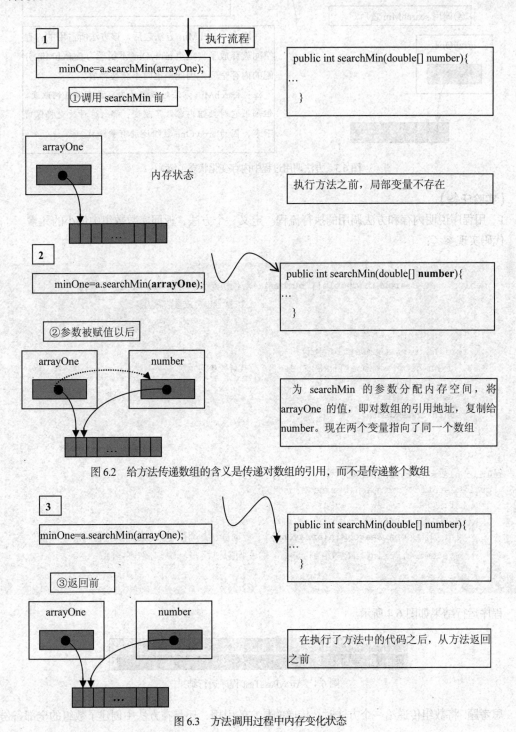

图 6.2 给方法传递数组的含义是传递对数组的引用，而不是传递整个数组

图 6.3 方法调用过程中内存变化状态

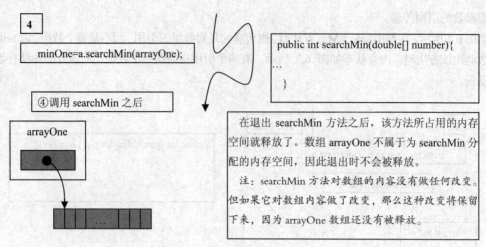

图 6.3　方法调用过程中内存变化状态（续）

【实验任务】
1. 用程序说明内存和方法调用的执行流程。定义一个方法，返回实数数组中最小的元素。
代码实现参考：

```
class ArrayPass{
   public int searchMin(double[] number)   //使用括号表示 number 是一个数组
                                           //方括号也可放参数后边
   {
      int indexOfMin=0;
      for(int i=1;i<number.length;i++){
        if(number[i]<number[indexOfMin])  //找寻较小的元素
           indexOfMin=i;
      }
      return indexOfMin;
   }
}

public class ArrayPassTest{
  public static void main(String args[]){
     ArrayPass a=new ArrayPass();
     double [] arrayOne={3.3,7.5,9.2,10.3,19.3};
     int minOne=a.searchMin(arrayOne);   //通过方法调用,得到数组中最小值的索引下标值
     System.out.println("数组 arrayOne 的最小值是"+arrayOne[minOne]);
     }
}
```

程序运行结果如图 6.4 所示。

图 6.4　ArrayPassTest 程序运行结果

思考题：将数组传递给一个方法时，传递的是它的引用，还是在方法中创建了数组的全部备份？

2. 根据提示，程序填空。

```
public class AppArgs
{
   public static void main(String[] args)
   {
     int[] a={8,3,7,88,9,23};
     _____（1）_____           //定义一个 LeastNumb 类的对象
     _____（2）_____       //将一维数组 a 传入 least()方法
   }
}
class LeastNumb
{
   public void least(int[] array)
   {
     int temp=array[ 0 ];
     for(int i=1;i<_____（3）_____ ; i++)  //使用 length 求数组长度
       if(temp>array[i])
         _____（4）_____          //较小的值赋给临时变量 temp
       _____（5）_____            //输出最小值
   }
}
```

3. 传递数组引用和数组元素的区别。

把数组传递给一个方法，应使用不加方括号的数组名。这里指的是整个数组的引用而不是数组中的单个元素。

测试下面程序，分析传递整个数组和传递一个数组元素的区别。

```
import java.awt.Container;
import javax.swing.*;
public class PassArray extends JApplet
{
    JTextArea outputArea;
    String output;
    public void init()
    {
      outputArea=new JTextArea();
      Container c=getContentPane();
      c.add(outputArea);
      int a[]={1,2,3,4,5};
      output="Effects of passing entire"+"array call-by-reference:\n"+"The values of the original array are:\n";
        for(int i=0;i<a.length;i++)
        output+=" "+a[i];
        modifyArray(a);        //实参 a 是引用型的数组形式，通过该方法修改数组元素
        output+="\n\nThe values of the modified array are:\n";  //斜杠 n 表示转移字符的换行
        for(int i=0;i<a.length;i++)
        output+=" "+a[i];
        output+="\n\nEffects fo passing array"+"element call-by-value:\n"+"a[3] before modifyElement:"+a[3];
        modifyElement(a[3]);   //实参 a[3]是普通的传值方式，调用的结果 a[3]还是原来的值
        output+="\na[3] after modifyElement:"+a[3];
        outputArea.setText(output);
```

```
        }
        public void modifyArray(int b[])
        {
            for(int j=0;j<b.length;j++)
            b[j]*=2;
        }
        public void modifyElement(int e)
        {
            e*=2;       //传值方式修改后的值只保留在方法参数的局部变量中
        }
}
```

程序运行结果如图 6.5 所示。

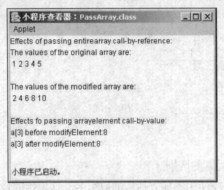

图 6.5　PassArray 小程序运行结果

思考题：在该程序中，整个数组是以什么方式传递调用的？单个基本数据类型的**数组元素**是以什么方式传递调用的？ 要把数组元素传递给方法，在方法调用中用带下标的数组名还是不用带下标的数组名作为参数？

4. 定义一个类 ValueTransfer，在类中定义 3 个接收不同参数类型的 modify 方法，参数分别为基本的整型 int、引用类型的数组和引用类型的对象。分析下面程序的运行结果。

```
1    class ValueTransfer
2    {
3      void modify(int i)
4      {
5        i++;
6      }
7      void modify(int[] arr)
8      {
9        for(int i=0;i<arr.length;i++)  arr[i]=1;
10     }
11     void modify(SimpleClass s)
12     {
13       s.field=1;
14     }
15     public static void main(String[] args)
16     {
17       ValueTransfer v=new ValueTransfer();
18       int i=0;
19       v.modify(i);
20       System.out.println("i="+i);
```

```
21        int[] intArr=new int[1];
22        intArr[0]=100;
23        v.modify(intArr);
24        System.out.println("intArr[0]="+intArr[0]);
25        SimpleClass s=new SimpleClass();
26        v.modify(s);
27        System.out.println("s.field="+s.field);
28    }
29 }
30 class SimpleClass
31 {
32    int field;
33 }
```

思考题：请分析运行结果。为什么 intValue 最后输出值还是 0 呢？而 intArr[0]的值则修改为 1 了呢？

实验 4　静态变量和静态方法应用

【实验指导】

使用 static 修饰的成员变量称为类的静态变量，非静态变量称为实例变量。static 修饰的静态方法称为类方法，非静态方法称为实例方法。

静态变量是隶属于类的变量，而不属于任何一个类的具体对象。也就是说，对于该类的任何一个具体对象而言，静态变量是一个公共的存储单元，不保存在某个对象实例的内存空间中，而是保存在类的内存空间的公共存储单元中。换句话说，对于类的任何一个具体对象而言，静态变量是一个公共的存储单元，任何一个类的对象访问它时，取得的都是相同的数值。同样，任何一个类的对象去修改它时，也都是在对同一个内存单元进行操作。

静态变量使用格式有如下两种：

类名.静态变量名;
或　　　对象名.静态变量名;

其中，推荐使用第一种形式。

将一个方法声明为 static 方法有以下 3 重含义。

（1）非静态方法是属于某个对象的方法，在这个对象创建时，对象的方法在内存中拥有属于自己专用的代码段。而 static 方法是属于整个类的，它在内存中的代码段将被本类所创建的所有对象公用，而不是被任何一个对象专用。

（2）由于 static 方法是属于整个类的，因此它不能操纵和处理某个对象的成员，而只能处理属于整个类的成员。也就是说，static 方法只能访问 static 成员变量或调用 static 成员方法。或者说，在静态方法中不能访问实例变量和实例方法。

（3）在静态方法中不能使用 this 或 super，因为它们都代表对象的概念，this 代表本类的对象，super 代表上层父类的概念。

【实验任务】

1. 将圆柱体类 Cylinder 里的变量 pi 和 num 设为共享的静态变量，求圆柱体的体积。

参考代码：

```java
class Cylinder
{
  private static int num=0;
  private static double pi=3.14;
  private double radius;
  private int height;
  public Cylinder(double r,int h)
{
  radius=r;
  height=h;
  num++;
}
public void count()
{
  System.out.print("创建了"+num+"个对象:");
}
double area()
{
  return pi*radius*radius;
}
double volume()
{
  return area()*height;
}
}
public class  StaticApp
{
   public static void main(String[]args)
 {
   Cylinder volu1=new Cylinder(3.5,7);
   volu1.count();
   System.out.println("圆柱1的体积="+volu1.volume());
   Cylinder volu2=new Cylinder(2.0,3);
   volu1.count();
   System.out.println("圆柱2的体积="+volu2.volume());
 }
}
```

思考题： 分析程序输出结果。请问，对象的统计是如何连续计算出来的？使用了什么关键词？count方法能不能修改为static？修改之后主类中count方法的调用形式可以如何进行修改？

2. 程序改错。

修改程序第22行，修改后分析程序运行结果。

```
1    class StaticDemo{
2      static int x;                      //定义静态变量x
3      int y;                             //定义实例变量y
4
5      static public int getX(){          //定义静态方法getX
6        return x;
7      }
8      static public void setX(int newX ){      //定义静态方法setX
```

```
 9       x=newX;
10     }
11     public int getY(){                  //定义实例方法getY
12       return y;
13     }
14     public void setY(int newY){         //定义实例方法setY
15       y=newY;
16     }
17 }
18
19 public class ShowDemo{
20     public static void main(String args[]){
21       System.out.println("静态变量x="+StaticDemo.getX());   //静态方法的引用使用类名
22       System.out.println("实例变量y="+StaticDemo.getY());   //编译时将会出错，为什么
23       StaticDemo a=new StaticDemo();
24       StaticDemo b=new StaticDemo();
25
26       a.setX(1);
27       a.setY(2);
28       b.setX(3); //对象a和b中的x共享同一个存储区域，在同一时刻，x值是一样的
29       b.setY(4); //对象a和b中变量y有着不同存储区域，可以有不同的值
30
31       System.out.println("静态变量a.x="+a.getX());
32       System.out.println("实例变量a.y="+a.getY());
33       System.out.println("静态变量b.x="+b.getX());
34       System.out.println("实例变量b.y="+b.getY());
35     }
36 }
```

思考题：第22行为什么会出错？静态方法和实例方法有什么区别？实例方法可以调用静态的类方法吗？静态的类方法能够调用实例方法吗？请给出修改第22行的方案。程序输出结果是什么？

实验5 类的继承：this 和 super

【实验指导】

this 是 Java 中一个特殊的对象引用，泛指对 this 所在类的对象自身的引用。通常，在构造方法的定义中，为了方便，定义构造方法的参数名称往往可以和类的成员变量名相同，这时需用 this 来指代成员变量。子类可以隐藏从父类继承的成员变量和方法，如果在子类中想使用被子类隐藏的成员变量或方法，就可以使用关键字 super，super 用来指代父类的对象。

在某一个构造方法中调用另一个构造方法时，必须使用 this 关键字，否则编译时会出现错误。因为构造方法不能在程序中显式地直接调用，只能在创建对象时，通过 new 运算符调用。<u>this 关键字必须写在构造方法的第一行。</u>

【实验任务】

1. 在构造方法中使用 this。根据提示填空，并验证和分析以下代码。

```
class Demo{
  double x,y;
  Demo(double x,double y)
```

```
    {_____;   //把构造方法参数x赋予类中成员变量x
      _____;  //把构造方法参数y赋予类中成员变量y
    }
    double ave(){return (x+y)/2;}
}
class TestThis1{
  public static void main(String args[]){
    Demo s=new Demo(3,4);
    System.out.println(s.ave());
  }
}
```

2. 请说出 A 类中 System.out.println 的输出结果。

```
class B
{   int x=100,y=200;
    public void setX(int x)
    {   x=x;
    }
    public void setY(int y)
    {   this.y=y;
    }
    public int getXYSum()
    {   return x+y;
    }
}
public class A
{   public static void main(String args[])
    {   B b=new B();
        b.setX(-100);
        b.setY(-200);
        System.out.println("sum="+b.getXYSum());
    }
}
```

思考题：运行之前先分析一下该程序的运行结果。程序中的代码：

```
public void setX(int x)
    {   x=x;
    }
```

请问这里的 x=x; 到底是哪个 x，是方法 setX 的参数 x 还是成员变量中的 x，未写 this 能不能访问方法之外的同名成员变量？

```
b.setX(-100);
```

该行语句是否成功修改成员变量 x 的值？

3. 在圆柱体类 Cylinder 里，用一个构造方法调用另一个构造方法。

```
1   class Cylinder
2   {
3       private double radius;
4       private int height;
5       private double pi=3.14;
6       String color;
7       public Cylinder()
```

```
8   {
9     this(2.5,5,"红色");        //调用另一个构造方法,this调用必须放第一行
10    System.out.println("无参构造方法被调用了");
11   }
12   public Cylinder(double r,int h, String str)
13   {
14     System.out.println("有参构造方法被调用了");
15     radius=r;
16     height=h;
17     color=str;
18   }
19   public void show()
20   {
21     System.out.println("圆柱底半径为:"+radius);
22     System.out.println("圆柱体的高为:"+height);
23     System.out.println("圆柱的颜色为:"+color);
24   }
25   double area()
26   {
27     return pi* radius* radius;
28   }
29   double volume()
30   {
31     return area()*height;
32   }
33 }
34 public class TestThis3
35 {
36   public static void main(String[]args)
37   {
38     Cylinder c=new Cylinder();
39     System.out.println("圆柱底面积="+c.area());
40     System.out.println("圆柱体体积="+c.volume());
41     c.show();
42   }
43 }
```

思考题：如果把第9行的this调用不放在构造方法第一行会出现什么样错误？请测试验证。

4. 使用super调用父类特定的构造方法，请验证并分析下面的程序。

```
1  class Person                        //Person类是java.lang.Object类的子类
2  {
3    ___(1)___ ;                       //定义字符串类型的成员变量name表示姓名
4    ___(2)___ ;                       //定义整型的成员变量age表示年龄
5    public Person()                   //定义无参构造方法
6    {
7      System.out.println("调用了个人构造方法Person()");
8    }
9    public Person(String name,int age)
10   {
11     System.out.println("调用了Person类的有参构造方法");
12     this.name=name;
```

```
13      this.age=age;
14    }
15    public void show()
16    {
17      System.out.println("姓名: "+name+"  年龄: "+age);
18    }
19 }
20 class Student extends Person     //定义Student类,继承自Person类
21 {
22   private String department;
23   public Student()               //Student的构造方法
24   {
25     System.out.println("调用了学生构造方法Student()");
26   }
27
28   public Student(String name,int age,String dep)
29   {
30    （3）_____;  //通过super调用第9行构造方法
31     department=dep;
32     System.out.println("我是"+department+"的学生");
33     System.out.println("调用了学生类的有参构造方法Student(String dep)");
34   }
35 }
36
37 public class ExtendsApp3    //定义主类
38 {
39   public static void main(String args[ ])
40   {
41     Student st=new Student();      //创建Student对象st,依次调用父类、子类的无参构造方法
42     Student st2=new Student("张文秀",20, "信息系");
43     st.show();                     //调用父类的show()方法
44     st2.show();
45   }
46 }
```

思考题：第30行的super调用一定要放在构造方法Student()的第一行吗？不放在该构造方法第一行会出现什么问题？

实验6　抽象类和接口

【实验指导】

通常，抽象类包含有抽象方法。所谓的抽象方法是指，有访问修饰词、返回值类型、方法名和参数列表，而无方法体且无包含方法体的花括号的方法。抽象方法前必须冠以修饰词abstract。

抽象类不能被实例化。子类在继承抽象类时，必须重写其父类的抽象方法，给出具体的定义。

接口与类存在着本质上的差别。类有它的成员变量和成员方法，而接口只有常量和方法协议。从概念上来讲，接口是一组抽象方法和常量的集合，可以认为接口是一种只有常量和抽象方法的特殊抽

象类。接口定义了一组抽象方法是要实现的功能协议，又称为方法原型。在定义一个实现接口的类时，一定要实现接口中协议规定的那些方法功能。

接口定义包括接口的声明和接口体两部分，其语法格式如下：

```
[public] interface 接口名 [extends 父接口列表]            —— 接口的声明
{
  [public static final] 类型 常量名=值;
  [public abstract] 返回类型 接口方法名(形参表);
  ...                                                    } 接口体
}
```

在接口体的定义中，接口的方法默认为 public abstract 属性。即使方法没有显式地声明为 public abstract，访问控制属性也一定是 public abstract。接口的方法只定义方法的框架，没有具体的实现代码，并且一定是以分号";"结束的方法原型。同样，接口的变量成员默认为 public static final 属性。由于接口的变量成员实际上是常量，因此必须初始化，并且不允许修改。

【实验任务】

1. 定义一个抽象类 Graphics，并在子类中实现其抽象方法。

```java
abstract class Graphics{
  abstract void parameter();        //用于参数处理
  abstract void area();             //用于面积处理
}
class Rectangle extends Graphics{
  double h,w;
  Rectangle(double u,double v){h=u;w=v; }
  void parameter(){
    System.out.println("矩形高度为:"+h+", 矩形宽度为:"+w);
  }
  void area(){
    System.out.println("矩形面积为:"+(h*w));
  }
}
class Circle extends Graphics{
  double r;
  String c;
  Circle(double u,String v){r=u;c=v; }
  void parameter(){
    System.out.println("圆半径为:"+r+", 圆颜色为:"+c);
  }
  void area(){
    System.out.println("圆面积为:"+(Math.PI*r*r));
  }
}
class ExamAbs{
  public static void main(String args[]){
    Rectangle rec=new Rectangle(2.0,3.0);
    Circle cir=new Circle(4.0,"Red");
    Graphics[]g={rec,cir};
    for(int i=0;i<g.length;i++){
      g[i].parameter();              //根据对象类型不同启动不同的parameter方法
```

```
            g[i].area();              //根据对象类型不同启动不同的 area 方法
      }
  }
}
```

思考题：抽象类可以生成自己的对象吗？为什么？

2. 接口定义和实现接口的类定义，验证并分析下面程序。

```
import javax.swing.JOptionPane;      //引入对话框类 JOptionPane
import java.text.DecimalFormat;      //引入格式处理类 DecimalFormat
interface Shape                      //定义接口 Shape
{
  public abstract double area();
}
class Circle implements Shape        //Circle 实现接口 Shape
{
  protected double radius;
  public Circle(){ setRadius(0); }
  public Circle(double r) { setRadius(r); }
  public void setRadius(double r){ radius=(r>=0 ? r : 0); }
  public double getRadius(){ return radius; }
  //实现接口 Shape 的 area 方法
  public double area(){return Math.PI*radius*radius; }
}
class Triangle implements Shape              //Triangle 实现接口 Shape
{
  protected double x,y;
  public Triangle(){ setxy(0,0); }
  public Triangle(double a,double b){ setxy(a,b); }
  public void setxy(double x,double y){ this.x=x; this.y=y; }
  public double getx(){ return x; }
  public double gety(){ return y; }
  //实现接口 Shape 的 area 方法
  public double area(){ return x*y/2; }
}
public class shapeTest
{
  public static void main(String args[])
  {
    Circle c=new Circle(7);           //创建半径为 7 的圆
    Triangle t=new Triangle(3,4);     //创建底为 3，高为 4 的三角形
    String output="";
    DecimalFormat p2=new DecimalFormat("0.00");
    //在对话框中输出实例圆和三角形的面积
    output+="\n 半径为"+c.getRadius()+"圆的面积: "+p2.format(c.area());
    output+="\n 底为"+t.getx()+",高为"+t.gety()+"三角形面积: "+p2.format(t.area());
    JOptionPane.showMessageDialog(null,output,"接口实现和使用演示",
                                  JOptionPane.INFORMATION_MESSAGE);
    System.exit(0);
  }
```

}

思考题：Java 接口能实现多继承吗？实现多继承有什么规则吗？

实验 7　方法重载和方法重构

【实验指导】

Java 可以在一个类中定义若干个名称相同的方法，但是这些方法或者具有不同的参数个数，或者具有不同的参数类型，或者具有不同的参数顺序，这种情况称为方法重载（method overload）。当调用一个重载的方法时，Java 编译器通过检查调用语句中参数的个数、类型及顺序就可以选择匹配的方法。方法重载一般用于创建对不同类型的数据进行的类似操作。

> 以相同的参数和不同的返回值类型来重载方法会产生语法错误。方法不能以返回值类型来区分重载方法，可以有相同的返回值类型，但一定要有不同的参数表。

方法重构和方法重载是完全不同的两个概念。方法重构是指，在子类中用与父类中相同的方法名、返回类型和参数，重新构造父类的某一成员方法。

当子类重构了父类的方法后，子类就不能直接引用父类的同名方法了。子类若要引用父类中的同名实例方法，应当使用"super.方法名"的形式；子类若要引用父类中的同名静态方法，应当使用"父类名.方法名"的形式。

【实验任务】

利用重载的方法 square 计算一个整型数和一个双精度数的平方。请运行并分析下面的程序。

```
1   //文件名：MethodOverload.java
2   //方法重载的使用
3   import java.awt.Container;
4   import javax.swing.*;
5   public class MethodOverload extends JApplet {   //定义类 MethodOverload
6     public void init()
7     {
8       JTextArea  outputArea=new JTextArea(2, 20);//创建组件对象 outputArea
9       Container c=getContentPane();                //创建一个容器对象 c
10      c.add( outputArea );                         //组件对象 outputArea 放入容器 c 中
11      outputArea.setText("The square of integer 7 is "+square(7)+
12              "\nThe square of double 7.5 is "+square(7.5));
13    }
14    public int square(int x)          ← 调用参数为 int 类型的 square 方法
15    {
16      return x * x;
17    }
18    public double square(double y)    ← 调用参数为 double 类型的 square 方法
19    {
20      return y * y;
21    }
22  }
```

思考题：方法重载和方法重构有什么实现上的不同？请大家构造一个继承关系，体会方法重构的实现。

实验 8　成员变量的隐藏

【实验指导】

在子类中，若定义了与父类同名的成员变量，则只有子类的成员变量有效，而父类中的成员变量无效，这意味着子类隐藏了父类同名的成员变量。

当子类隐藏了父类的同名成员变量后，实际上子类就有了两个同名的成员变量。子类若要引用父类中的同名成员变量，可以采用如下方法：

```
super.成员变量名;
父类名.成员变量名;  //仅适用于static变量
```

【实验任务】

运行下面的程序，分析继承关系中的变量隐藏情况。

```java
class A{
  int i=256,j=64;
  static int k=32;
  final float e=2.718f;
}
class B extends A{
  public char j='x';
  final double k=5;
  static int e=321;
  void show(){System.out.println(i+" "+j+" "+k+" "+e); }
  void showA(){System.out.println(super.j+" "+A.k+" "+super.e); }
}
class ExamHide{
  public static void main(String args[]){
    B sb=new B();
    System.out.println("子类中可以直接引用的成员变量:");
    sb.show();
    System.out.println("被隐藏的父类成员变量:");
    sb.showA();
  }
}
```

思考题：继承链条中，出现了几个变量的隐藏？是谁隐藏了谁？

实验 9　泛型应用

【实验指导】

泛型类的声明如下：

```
class　名称<泛型类变量>
```

类型变量由尖括号界定，放在类或接口名的后面。这里，泛型类型变量扮演的角色就如同一个参数，它提供给编译器用于类型检查的信息。泛型的类型参数只能是类类型（包括自定义类），不能是简单类型。

泛型类的类体和普通类的类体完全类似，由成员变量和成员方法构成。例如，设计一个锥体，锥体只关心它的底面积是多少，并不关心底的具体形状。因此，锥体可以用泛型 T 作为自己的底，Yuanzhui.java 的代码如下：

```
class Yuanzhui<T>{
  double height;
  T bottom;
  public Yuanzhui(T y){
    bottom=y;
  }
}
```

和普通的类相比，泛型类声明和创建对象时，类名后多了一对尖括号"<>"，而且必须要用具体的类型替换尖括号中的泛型。例如：

```
Yuanzhui<Circle> yz;
yz=new Yuanzhui<Circle>(new Circle());
```

【实验任务】

1. 运行下面的程序，观察下面的代码，分析泛型的实现和应用特点。

```
1  public class Gen<T>{
2    private T ob;                    //定义泛型成员变量
3    public Gen(T ob)                 //参数使用泛型成员变量
4    {
5      this.ob=ob;
6    }
7    public T getOb()                 //返回类型为泛型类型
8    {
9      return ob;
10   }
11   public void setOb(T ob)
12   {
13     this.ob=ob;
14   }
15   public void showType()
16   {
17     System.out.println("T的实际类型是:"+ob.getClass().getName());
       //使用系统方法
18   }
19 }
20 public class GenDemo{
21   public static void main(String[] args){
       //定义泛型类 Gen 的一个 Integer 版本
22     Gen<Integer> intOb=new Gen<Integer>(88);
23     intOb.showType();                //使用泛型类中的方法
24     int i=intOb.getOb();             //使用泛型类中的方法
25     System.out.println("value="+i);
26     System.out.println("----------------------------------");
       //定义泛型类 Gen 的一个 String 版本
27     Gen<String> strOb=new Gen<String>("Hello Gen!");
28     strOb.showType();
```

```
29      String s=strOb.getOb();
30      System.out.println("value="+s);
31    }
32 }
```

2. 修改上面的程序，改写为不使用泛型的实例并进行验证，比较两者的运行结果。

```
public class Gen2 {
 private Object ob;                //定义一个通用类型成员
 public Gen2(Object ob) {
   this.ob=ob;
 }
 public Object getOb() {
   return ob;
 }
 public void setOb(Object ob) {
    this.ob=ob;
 }
 public void showType() {
   System.out.println("T 的实际类型是:"+ob.getClass().getName());
 }
}
public class GenDemo2 {
  public static void main(String[] args) {
    //定义类 Gen2 的一个 Integer 版本
    Gen2 intOb=new Gen2(new Integer(88));
    intOb.showType();
    int i=(Integer) intOb.getOb();
    System.out.println("value="+i);
    System.out.println("----------------------------------");
    //定义类 Gen2 的一个 String 版本
    Gen2 strOb=new Gen2("Hello Gen!");
    strOb.showType();
    String s=(String) strOb.getOb();
    System.out.println("value="+s);
  }
}
```

思考题：对两个程序进行比较，请问使用泛型的意义和作用是什么？

实验 10　综合实践

这部分实验综合应用类和对象的主要知识，综合演练的同时用编程模拟解决我们生活中的一些实际问题，实验任务涉及股票、员工类、学生和借书卡类的设计，工资系统以及圆柱体和笛卡儿坐标等问题。

1. 阅读以下各段程序的代码，注意程序构造方法和普通成员方法之间的连接。在空白处写出程序的输出结果。注意：请先勿在计算机上执行这些程序。

问题（1）~（3）使用如下 Time 类的声明。

```
// Time 类定义
```

```java
import java.text.DecimalFormat;   //引入用来处理数值的格式类

public class Time extends Object {
   private int hour;      // 0 - 23
   private int minute;    // 0 - 59
   private int second;    // 0 - 59

   // Time 构造方法初始化实例变量为0
   //确保 Time 对象从一个统一的状态起算
   public Time()
   {
      this(0,0,0);  //调用3个参数 Time 构造函数
   }

   //Time 构造函数：提供实例变量 hour 的值, minute 和 second 设默认值0
   public Time(int h)
   {
      this(h,0,0);  //调用3个参数 Time 构造函数
   }

   //Time 构造函数：提供 hour 和 minute, second 被默认为0
   public Time(int h,int m)
   {
      this(h,m,0);  //调用3个参数的 Time 构造函数
   }
   //Time 构造函数：提供 hour、minute、second3个参数
   public Time(int h,int m,int s)
   {
      setTime(h,m,s);
   }
   //Time 构造函数：参数为 Time 类的一个对象
   public Time(Time time)
   {
      //调用3个参数的 Time 构造函数
      this(time.getHour(),time.getMinute(),time.getSecond());
   }

   //set 设置方法

   public void setTime(int h,int m,int s)
   {
     setHour(h);       //设置 hour 的值
     setMinute(m);     // 设置 minute
     setSecond(s);     //设置 second
   }
   //设置一个新的时间值，检查后的无效数据置0
   public void setHour(int h)
   {
      hour=((h>=0&&h<24)?h:0);
   }
   public void setMinuter(int m)
```

```java
{
    minute=((m>=0&&m<60)?m:0);
}
public void setSecond(int s)
{
    second=((s>=0&&s<60)?s:0);
}

//get 方法
//获取 hour 的值
public int getHour()
{
    return hour;
}
//获取 minute 的值
public int getMinute()
{
    return minute;
}

//获取 second 的值
public int getSecond()
{
    return second;
}

// Convert to String in universal-time format
public String toUniversalString()
{
    DecimalFormat twoDigits = new DecimalFormat( "00" );

    return twoDigits.format( getHour() ) + ":" +
        twoDigits.format( getMinute() ) + ":" +
        twoDigits.format( getSecond() );
}

// Convert to String in standard-time format
public String toStandardString()
{
    DecimalFormat twoDigits = new DecimalFormat( "00" );

    return ( (getHour() == 12 || getHour() == 0) ? 12 : getHour() % 12 ) +
        ":" + twoDigits.format( getMinute() ) +
        ":" + twoDigits.format( getSecond() ) +
        ( getHour() < 12 ? " AM" : " PM" );
}
}
```

假如如下代码段都位于测试 Time 类的测试程序的 main 方法中。

（1）如下代码段的输出结果是什么？

```java
Time t1=new Time(5);
System.out.println("The time is"+t1.toStandardString( ));
```

答案：

（2）如下代码段的输出结果是什么？

```
Time t1=new Time(13,59,60);
System.out.println("The time is"+t1.toStandardString( ));
```

答案：

（3）如下代码段的输出结果是什么？

```
Time t1=new Time(0,30,0);
Time t2=new Time(t1);
System.out.println("The time is"+t2.toUniversalString( ));
```

答案：

思考题：请问 this 在程序中的作用是什么？ DecimalFormat 系统类在程序中的主要作用是什么？

2. 股票收益计算。

股票类包括的信息有：股票代码，投资者股票交易的累积信息，单笔交易的信息，以及股票的盈亏状况。客户应用程序的主类负责控制台的输入/输出操作，提示输入股票标记信息；提示输入交易的次数；从控制台读取交易信息（股票数量和单价）以及打印每只股票的盈亏情况。

要设计一个表示股票信息的类，首先要设计和决定股票类包含哪些信息，也就是该类要承担哪些责任。所有的功能不应该放在一个股票类中来实现，从低耦合的原则出发，把股票交易的相关信息设计为股票类和客户应用程序主类两个类。这里，主要学习类的设计和应用。

股票收益计算的代码如何设计呢？

参考代码如下，请大家测试和分析。

```
1    //设计一个表示股票信息的类，并计算股票收益
2    import java.util.*;
3    class Stock{
4       private String symbol;        //股票名称
5       private int totalShares;      //购买的股数
6       private double totalCost;     //所买股票的总成本
7       //初始化一个新股票
8       public Stock(String theSymbol){
9          symbol=theSymbol;
10         totalShares=0;
11         totalCost=0.0;
12      }
13
14      //返回某个股票的盈亏情况
15      public double getProfit(double currentPrice){
16         double marketValue=totalShares*currentPrice;
17         return marketValue-totalCost;
18      }
19
20      //记录股票的购买情况：包括股数和每股价格
21      public void purchase(int shares,double pricePerShare){
```

```
22      totalShares+=shares;
23      totalCost+=shares*pricePerShare;
24    }
25 }
26
27 public class StockRun{
28   public static void main(String[] args){
29     Scanner console=new Scanner(System.in);
30
31     //第一个股票
32     System.out.print("First stock's symbol:");
33     String symbol=console.next();
34     Stock stock=new Stock(symbol);
35
36     System.out.print("How many purchases did you make?");
37     int numPurchases=console.nextInt();
38
39     //质询每一次购买情况:多少股,每股什么价位
40     for(int i=1;i<=numPurchases;i++){
41       System.out.print(i+":How many shares,at what price per share?");
42       int numShares=console.nextInt();
43       double pricePerShare=console.nextDouble();
44       stock.purchase(numShares,pricePerShare);
45
46     }
47     System.out.print("今天该股每股的收盘价是多少?");
48     double currentPrice=console.nextDouble();
49     //计算收益
50     double profit=stock.getProfit(currentPrice);
51     System.out.println("净利润情况:"+profit);
52     System.out.println();
53   }
54 }
```

3. 员工工资计算。

继承及多态在工资系统中的应用。公司中的员工有不同的工资计算办法。抽象所有员工的属性，定义一个员工 Employee 超类，超类的子类有 Boss 和 PieceWorker。Boss 子类，即老板，每星期发放固定工资，而不计他们的工作小时数；PieceWorker，即计件工人，按其生产的产品数发放工资。Employee 的每个子类都声明为 final，因为不需要再继承它们生成子类。

实现效果如图 6.6~图 6.9 所示。

图 6.6 进入欢迎界面

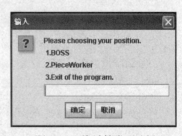

图 6.7 工资计算类型选择

图 6.8　逐个输入计算工资参数

图 6.9　工资收入

参考代码：

```
1   import javax.swing.JOptionPane;           //加载类 JOptionPane
2   import java.text.*;
3
4
5   //Employee 类定义为 Abstract 抽象类
6   abstract class Employee
7   {
8     private String firstName,lastName;
9     //超类构造方法
10    public Employee(String first, String last)
11    {
12      firstName=first;
13      lastName=last;
14    }
15    //返回名字的姓
16    public String getFirstName()
17    {
18      return firstName;
19    }
20    //返回名字
21    public String getLastName()
22    {
23      return lastName;
24    }
25    public String toString()
26    {
27      return firstName+' '+lastName;
28    }
29    public abstract double earnings();
30
31  }
32
33  //Boss 类是 Employee 的子类
34  final class Boss extends Employee
35  {
36    private double weeklySalary;
37    //Boss 类的构造方法
38    public Boss(String first, String last, double s)
39    {
40      super(first,last);
41      setWeeklySalary(s);
42    }
43    //设置 the Boss's salary
44    public void setWeeklySalary(double s)
```

```java
45    {
46       weeklySalary=(s>0?s:0);
47    }
48    //返回老板的周工资
49    public double earnings()
50    {
51       return weeklySalary;
52    }
53    //输出老板的姓名
54    public String toString()
55    {
56       return "Boss: "+super.toString();
57    }
58 }
59
60 //PieceWorker 类是 Employee 的子类
61 final class PieceWorker extends Employee
62 {
63    private double wagePerPiece;   //wage per piece output
64    private int quantity;          //output for week
65
66    //PieceWorker 类的构造方法
67    public PieceWorker(String first, String last,double w, int q)
68    {
69       super(first,last);
70       setWage(w);
71       setQuantity(q);
72    }
73
74    //设置 wage
75    public void setWage(double w)
76    {
77       wagePerPiece=(w>0?w:0);
78    }
79
80    //设置 the number of items output
81    public void setQuantity(int q)
82    {
83       quantity=(q>0?q:0);
84    }
85
86    //计算计件工人的收入
87    public double earnings()
88    {
89       return quantity * wagePerPiece;
90    }
91    public String toString()
92    {
93       return "Piece worker: "+super.toString();
94    }
95 }
96
97 class SalaryTest
98 {
```

```java
99   public static void main(String args[])
100  {
101    String output="",z,firstname,lastname;
102    int q,n;
103    double a,w;
104
105    JOptionPane.showMessageDialog(null,"Welcome to use this program!","Welcome!",
       JOptionPane.INFORMATION_MESSAGE);
106
107    do{
108      z=JOptionPane.showInputDialog("Please choosing your position.\n 1.BOSS\n
        2.PieceWorker \n 3.Exit of the program.");
109      n=Integer.parseInt(z);
110      if (n==3) { break; }
111
112      firstname=JOptionPane.showInputDialog(" Please enter your firstname:\n");
113
114      lastname=JOptionPane.showInputDialog(" Please enter your lastname:\n");
115
116      switch(n)
117      {
118       case 1:{
119         z=JOptionPane.showInputDialog("please enter your weeklySalary:\n");
120         a=Double.parseDouble(z);
121         output=BOSS_Method(firstname,lastname,a);
122        }break;
123       case 2:{
124         z=JOptionPane.showInputDialog("please enter wage:\n");
125         w=Double.parseDouble(z);
126         z=JOptionPane.showInputDialog("please enter quantity:\n");
127         q=Integer.parseInt(z);
128         output=PieceWorker_Method(firstname, lastname, w, q);
129        }break;
130      }
131
132      JOptionPane.showMessageDialog(null, output,"Result:", JOptionPane.INFORMATION_
        MESSAGE);
133    }while(n!=3);
134    System.exit(0);
135  }
136
137  static String BOSS_Method(String fn,String ln,double s)
138  {
139    String output="";
140    DecimalFormat precision2=new DecimalFormat("0.00");
141    Employee ref;   //ref 为超类的引用
142    Boss b=new Boss(fn,ln,s);
143    ref=b;
144    output+=ref.toString()+"earned $"+precision2.format(ref.earnings())+"\n"+b.to
       String()+" earned $"+precision2.format(b.earnings())+"\n";
145    return output;
146  }
147
148  static String PieceWorker_Method(String fn,String ln,double w,int q)
149  {
150    String output="";
```

```
151    DecimalFormat precision2=new DecimalFormat("0.00");
152    Employee ref;    //超类引用
153    PieceWorker p=new PieceWorker(fn,ln,w,q);
154    ref=p;
155    output+=ref.toString()+" earned $"+precision2.format(ref.earnings())+"\n"+
        p.toString()+" earned $"+precision2.format(p.earnings())+"\n";
156    return output;
157   }
158 }
```

思考题： 请使用 UML 图，画出员工、老板和工人的继承关系，并研讨 JOptionPnae 的参数及应用。

4. 学生和借书卡类的设计。

学生类和借书卡类的设计和应用。为了使类的层次结构清晰，我们准备设计学生类和借书卡类及应用测试类 3 个类。在学生类中设计成员变量学生名字和电子邮件，成员方法包括名字和电子邮件的设置和返回。在借书卡类中设计卡主人的标记和已经借出的书的数量，成员方法包括针对两个成员变量的设置和返回以及显示卡中记录的所有相关信息。这里，设计成员变量和成员方法的定义和修饰符的使用。

只能通过类自身的方法访问私有成员变量，类外的对象可以访问公有数据，如图 6.10 所示。

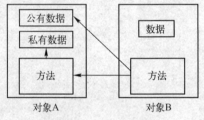

图 6.10　成员变量访问

参考代码：

```
1   class Student{
2     //数据成员
3     private String name;
4     private String email;
5   
6     //定义构造方法
7     public Student(){
8       name="Unassigned";
9       email="Unassigned";
10    }
11  
12    //返回学生的E-mail
13    public String getEmail(){
14      return email;
15    }
16  
17    //返回学生的姓名
18    public String getName(){
19      return name;
20    }
21  
22    //给出学生的email
23    public void setEmail(String address){
24      email=address;
25    }
26
```

```
27    //给出学生的姓名
28    public void setName(String studentName){
29      name=studentName;
30    }
31 }
32
33 class LibraryCard{
34    //定义数据成员
35    private Student owner;    //谁的借书卡
36    private int borrowCnt;    //已借出的书的数量
37
38    //定义构造方法
39    public LibraryCard(){
40      owner=null;
41      borrowCnt=0;
42    }
43
44    //登记借出的书的数量
45    public void checkOut(int numOfBooks){
46      borrowCnt=borrowCnt+numOfBooks;
47    }
48
49    //返回已经借出的书的数量
50    public int getNumberOfBooks(){
51      return borrowCnt;
52    }
53
54    //返回这张卡的主人的名字
55    public String getOwnerName(){
56      return owner.getName();
57    }
58
59    //设置学生借书卡的学生名字
60    public void setOwner(Student student){
61      owner=student;
62    }
63
64    //返回借书卡包含的信息
65    public String toString(){
66      return "Owner Name:"+owner.getName()+"\n"+
67          "Email:"+owner.getEmail()+"\n"+
68          "Books Borrowed: "+borrowCnt;
69    }
70 }
71
72
73 public class Librarian{
74    public static void main(String[] args){
75      Student student;
76      LibraryCard card;
77      student=new Student();
78      student.setName("夏明升");
79      student.setEmail("xms@163.com");
```

```
80
81        card=new LibraryCard();
82        card.setOwner(student);
83        card.checkOut(9);
84
85        System.out.println("Card Info:");
86        System.out.println(card.toString()+"\n");
87    }
88 }
```

思考题：使用 UML 图，请画出借书卡类和学生类之间的关系。

5. 多种方法计算机圆柱体的面积和体积。

使用面向对象的封装属性，可设计出具有严格数据保护功能的私有成员变量，并利用私有成员变量进行运算。其中，如何解决私有成员变量的保护性和使用方式是我们要解决的问题。

在计算圆柱体的底面积和体积时，将涉及成员变量访问控制符、对象的创建、成员方法的定义和使用，以及多类之间的协调等内容。那么如何解决呢？

（1）在圆柱体类 Cylinder 中创建普通的成员变量，在 Cylinder 类外访问是没有问题的。定义一个服务类 Cylinder 和一个测试主类 AppTest。

```
1     class Cylinder
2     {
3       double radius;
4       int height;
5       double pi=3.14;
6       double area()
7       {
8         return pi*radius*radius;
9       }
10      double volume()
11      {
12        return area()*height;
13      }
14    }
15    public class AppTest
16    {
17      public static void main(String[] args)
18      {
19        Cylinder volu;
20        volu=new Cylinder();
21        volu.radius=2.8;
22        volu.height=5;
23        System.out.println("底圆半径="+volu.radius);
24        System.out.println("圆柱的高="+volu.height);
25        System.out.println("圆柱底面积="+volu.area());
26        System.out.println("圆柱体体积="+volu.volume());
27      }
28    }
```

在该段程序中，通过创建的对象 volu，在主类 AppTest 中，分别顺利访问了类 Cylinder 中的默认访问权限的成员变量 radius 和 height（第 23～24 行）。

（2）在圆柱体类 Cylinder 中创建类的私有成员，则在类外的访问将出现语法问题。

```
1     class Cylinder
2     {
3       private double radius;
4       private int height;
5       private double pi=3.14;
6       double area()
7       {
8         return pi*radius*radius;
9       }
10      double volume()
11      {
12        return area()*height;
13      }
14    }
15    public class AppTest2
16    {
17      public static void main(String[] args)
18      {
19        Cylinder volu;
20        volu=new Cylinder();
21        volu.radius=2.8;      /*错误，在类的外部
22        volu.height=5;        不能直接访问私有成员变量*/
23        System.out.println("底圆半径="+volu.radius);       //错误
24        System.out.println("圆柱的高="+volu.height);       //错误
25        System.out.println("圆柱底面积="+volu.area());      //错误
26        System.out.println("圆柱体体积="+volu.volume());
27      }
28    }
```

在该段程序中，第 21~24 行都出现了 Cylinder 类外访问私有成员变量的错误。程序在编译过程中会报错。因为私有成员变量只有在本类中才能够被访问。

（3）利用公共方法来访问类内的私有成员变量。

```
1     class Cylinder
2     {
3         private double radius;
4         private int height;
5         private double pi=3.14;
6         public void setCylinder(double r,int h)
7         {
8             if(r>0&&h>0)
9             {
10                radius=r;
11                height=h;
12            }
13            else
14              System.out.println("您的数据有错误！！);
15        }
16        double area()
17        {
18          return pi*radius*radius;
19        }
20        double volume()
```

```
21              {
22                  return area()*height;
23              }
24          }
25          public class AppTest3
26          {
27              public static void main(String[] args)
28              {
29                Cylinder volu=new Cylinder();
30                volu.setCylinder(2.5,-5);
31                System.out.println("圆柱底面积="+volu.area());
32                System.out.println("圆柱体体积="+volu.volume());
33              }
34          }
```

上述程序中第 6 行在 Cylinder 类内将 setCylinder()方法声明为公共成员，并接受两个参数 r 和 h。如果判断传进来的两个变量均大于 0，则将私有数据成员 radius 设为 r，将 height 设置为 h；否则输出"您的数据有错误！！"的提示信息。

通过本例可以看出，只有通过公共成员方法，私有成员变量才能得以修改。在公共成员方法内加上判断代码，可以杜绝错误数据的输入。

（4）利用构造方法初始化圆柱体类 Cylinder 的成员变量。

```
1       class Cylinder
2           {
3               private double radius;
4               private int height;
5               private double pi=3.14;
6               public Cylinder(double r,int h)
7               {
8                   if(r>0&&h>0)
9                   {
10                      radius=r;
11                      height=h;
12                  }
13                  else
14                      System.out.println("您的数据有错误！！");
15              }
16              double area()
17              {
18                  return pi*radius*radius;
19              }
20              double volume()
21              {
22                  return area()*height;
23              }
24          }
25          public class AppTest4
26          {
27              public static void main(String[] args)
28              {
29                Cylinder volu=new Cylinder(4.5, 8);
30                System.out.println("圆柱底面积="+volu.area());
31                System.out.println("圆柱体体积="+volu.volume());
```

```
32              }
33          }
```

在该段程序中,第 6 行语句定义了构造方法 Cylinder()实现成员变量的初始化,与方法 setCylinder() 的功能类似。

6. 将笛卡儿坐标系上的点定义为一个服务类 Point,Point 类提供求得坐标系上两点间距离的功能、获取和设置坐标的功能、获取极坐标的功能,以及完成对已创建的 Point 类对象统计功能。设计测试 Point 服务类的应用程序主类,测试并显示输出提供功能的结果。

程序运行结果:

当前点的总数为: 1
当前点的总数为: 2
当前点的总数为: 3
p1,p2 两点间的距离为: 2.8284271247461903
p3,p1 两点间的距离为: 5.830951894845301
p3 点的极坐标:angle= 59.03629333375019, radius= 5.830951894845301

参考源程序:

```
//MDPoint3.java
class Point
{   private int x,y;                        //私有成员变量
    static int pCount=0;                    //静态成员变量
    final double pi=3.14159;                //终极成员变量
    //重载的构造方法
    public Point()                  {         }
    public Point(int x,int y)   {   this.x=x;this.y=y;}
    //其他成员方法
    public int getx( )          {   return this.x;              }
    public void setx(int x)     {   this.x=x;                   }
    public int gety( )          {   return this.y;              }
    public void sety(int y)     {   this.y=y;                   }
    public double angle( )      {   return (180/pi)*Math.atan2(y,x);}
    public double radius( )     {   return Math.sqrt(x*x+y*y);          }
    public double ppdistance(Point p)   //方法的参数是对象
    {   double distance;
        distance=Math.sqrt((double)((x-p.x)*(x-p.x)+(y-p.y)*(y-p.y)));
        return distance;
    }
    //静态成员方法
    static void setpCount( )        {   pCount+=1;              }
    static int getpCount( )         {   return pCount;          }
}
public class MDPoint3
{   public static void main(String args[])
    {   double distance1,distance2;
        Point p1=new Point( );
        p1.setpCount( );
        System.out.println("当前点的总数为: "+p1.getpCount( ));
        Point p2=new Point(2,2);
        p2.setpCount( );
```

```
            System.out.println("当前点的总数为: "+p2.getpCount( ));
            Point p3=new Point(3,5);
            Point.setpCount( );
            System.out.println("当前点的总数为: "+Point.getpCount( ));
            distance1=p1.ppdistance(p2);
            distance2=p3.ppdistance(p1);
            System.out.println("p1,p2 两点间的距离为: "+distance1);
            System.out.println("p3,p1 两点间的距离为: "+distance2);
         //System.out.println("p3 点间的 x,y 坐标为: "+p3.x+", " +p3.y);
            System.out.println("p3 点的极坐标:angle= "+p3.angle()+",
                radius="+p3.radius());
        }
    }
```

思考题：注释行//System.out.println("p3 点间的 x,y 坐标为:"+p3.x+"," +p3.y);有问题吗？请测试。请问不同类中能不能允许直接使用 private 成员变量？

第 7 章
UML 类图及面向对象设计的基本原则和模式

7.1 知识点

1. UML 类图

UML（Unified Modeling Language），即统一建模语言，是 OMG（Object Management Group）发表的图表式软件设计语言。

类图（class diagram）是最常用的 UML 图，用于显示类、接口以及它们之间的静态结构和关系，描述系统的结构化设计。类图最基本的元素是类或者接口。现在流行的 UML 工具主要有两种：Rational Rose 和 Microsoft Visio。

类的 UML 图显示类的 3 个组成部分，第一部分是 Java 中定义的类名，第二部分是该类的属性，第三部分是该类提供的方法。

类的 UML 图是一个长方形，如图 7.1 右半部分所示。它垂直地分为 3 层，第一层为类的名称，第二层为类的属性，第三层为类的方法或称为操作。其中，类名是必须的，下面两层的内容可选。Java 程序中的类与 UML 图对照如图 7.1 所示。

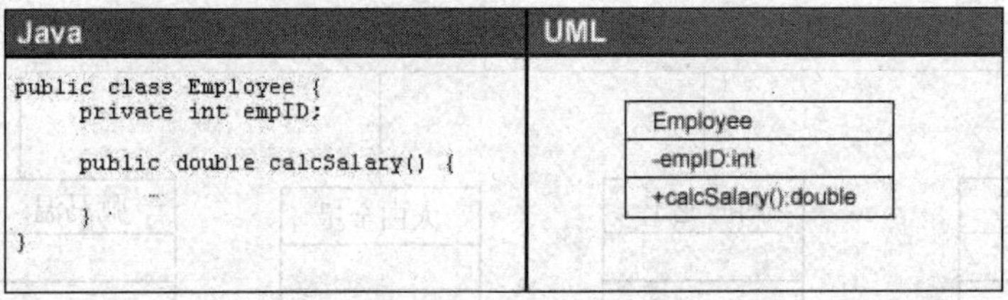

Java	UML

`public class Employee {`
`    private int empID;`
`    public double calcSalary() {`
`        ...`
`    }`
`}`
	Employee
	-empID:int
	+calcSalary():double

图 7.1　Java 程序中的类与 UML 图对照

> 属性和方法之前附加的可见性修饰符，"+" 表示 public，"-" 表示 private，"#" 表示 protected。省略这些修饰符表示具有 package（包）级别的可见性。属性和名称冒号后面为数据的类型或方法的返回值类型。

如果属性或操作具有下画线，则表明它是静态的。在方法中，可同时列出它接收的参数，以及返回类型。如果是抽象类，则类名用斜体表示。

接口（interface）是一系列操作的集合。接口可以用如图7.2右半部分所示的图标表示（UML接口表示1），上面是一个圆圈符号，下面是接口名，然后是一条直线，直线下面是方法名。Java程序接口表示与UML接口表示对照如图7.2所示。接口也可以用附加了<<interface>>表示接口的UML图表示（UML接口表示2），如图7.3所示。与表示类的UML图类似，它直接对应于Java中的一个接口类型。

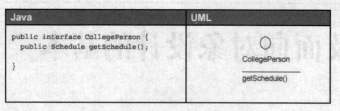 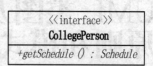

图7.2　Java程序接口表示与UML接口表示1对照　　　　图7.3　UML接口表示2

2. 开放和封闭原则

所谓"开放-封闭原则"（Open-Closed Principle），也称"开-闭原则"，就是让设计对扩展开放，对修改关闭。也就是说，不允许更改的是系统的抽象层，而允许更改的是系统的实现层。高层模块不应该依赖低层模块，抽象不应该依赖细节，使系统设计更为通用、更为稳定。**面向抽象编程，这里的抽象主要指的是抽象类或接口。**

"开放-封闭原则"实质上是指当一个设计中增加新的模块时，不需要修改现有模块。如图7.4所示，在子类中增加了"弼马温"这个子模块，不需要修改其他子类。当年大闹天宫是美猴王对玉帝的新挑战，美猴王说"皇帝轮流做，明年到我家"。太白金星给玉皇大帝的建议是降一道招安圣旨，宣上界来，一则不劳师动众，二则收仙有道也。换而言之，不劳师动众、不破坏天规便是"闭"，收仙有道便是"开"，玉帝的招安之道就是天庭的"开放-封闭原则"。玉皇大帝在不更改现有天庭秩序的同时，将美猴王纳入到现有秩序中，是对现有秩序的扩展。

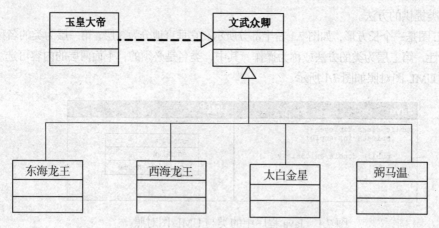

图7.4　开放-封闭原则示例

将对应用户需求变化的部分设计为"对扩展开放"，而经过精心考虑确定之后的基本结构对应为"对修改关闭"。如果设计遵循了"开放-封闭原则"，那么这个设计一定是易维护的。

3. 组合与继承

合成/聚合复用原则（Composite/Aggregate Reuse Principle，CARP），又叫合成复用原则，就是在一个新的对象中使用一些已有的对象，使之成为新对象的一部分。复用是软件技术发展的一个重要成果。

复用是拿来主义的思想，复用可以通过继承和组合来实现。
- 何时选择继承性?
- 一个很好的经验："B 是一个 A 吗?"
- 如果是则让 B 做 A 的子类。

常犯的错误是误将"A 有一个 B 吗?"理解为继承关系，如让汽车轮子成为汽车的子类是错误的。

在继承中，父类的方法可以被子类以继承的方式复用。同时，子类还可以通过重写来扩展被复用的方法。通过继承进行复用也称为"白盒"复用，其缺点是父类的内部细节对于子类而言是可见的。继承在某种程度上破坏了类的封装性，子类和父类耦合度高。

合成/聚合复用原则强调的核心思想是：应尽量使用合成/聚合，尽量不要使用层次多的继承，也就是说，多用组合少用继承。在这里，合成、聚合和组合的含义相近。

4. 子类型能够替换基类型原则

子类型能够替换基类型原则也叫里氏代换原则（Liskov Substitution Principle，LSP），里氏代换原则中说，任何基类可以出现的地方，子类一定可以出现，且程序运行正常。

LSP 是继承复用的基石，只有当衍生子类可以替换掉基类，软件单位的功能不受到影响时，基类才能真正被复用，而衍生子类也能够在基类的基础上增加新的行为。里氏代换原则是对"开-闭原则"的补充。实现"开-闭原则"的关键步骤就是抽象化，而基类与子类的继承关系就是抽象化的具体实现，所以里氏代换原则是对实现抽象化的具体步骤的规范。

7.2 实验目的

（1）学习 UML 类图结构及类之间的关系的 UML 表示。
（2）熟悉面向对象设计的基本原则。
（3）理解多用组合少用继承的编程思想。
（4）了解策略模式设计。
（5）了解中介模式设计。
（6）了解模板方法模式。

7.3 实验内容

实验 1　面向抽象编程

【实验指导】

在软件设计之初，需要发现所要开发软件中可能存在或已经存在的"变化"，然后利用抽象的方式对这些变化进行封装。抽象没有具体的代码实现，抽象代表一种可扩展性，代表一种无限的可能性。

所谓面向抽象程序设计，是指当设计一个类时，不让该类面向具体的类，而是面向抽象类或接口。

【实验任务】

构造一个应用,说明面向抽象的编程思想。

设计一个 Round 类,该类包含了计算圆面积的方法 getArea,可供 Round 类的对象调用。然后,设计一个 Pillar(柱体)类,该类对象计算柱体的体积,计算柱体的体积要用到底面积,所以它和 Round 有一个联系。

方案一: 起初的编程思路:非面向抽象编程。

参考代码 1 如下:

```java
//1. Round.java
public class Round{
  int r;
  Round(int r){
    this.r=r;
  }
  public double getArea(){
    return(3.14*r*r);
  }
}
```

在记事本中重新创建一个 Pillar.java 文件。

参考代码 2 如下:

```java
//2. Pillar.java
public class Pillar{
  Round bottom;
  int height;
  Pillar(Round bottom, int height){
    this.bottom=bottom;
    this.height=height;
  }
  public double getVolume(){
    return bottom.getArea().height;
  }
}
```

思考题: 在 Pillar.java 类中,如果不涉及用户的需求变化,那么计算底面为圆形的柱体体积是没有问题的。但是,如果这时用户希望 Pillar.java 能够计算底面为三角形的柱体体积,那么上述的设计能够应对用户的这种需求变化吗?

方案二: 面向抽象的设计思路:编写一个抽象类或接口用于适应需求的变化。

在方案一中,Pillar.java 类的设计缺少一定的弹性,难以应对需求的变化。

现在重新设计 Pillar 类。首先,观察后发现柱体计算体积的关键是计算底面积,而柱体的底面既可能是圆形也可能是三角形等多边形。那么,换一个角度,可以说一个柱体在计算底面积时不应该关心它的底面是怎样的具体形状,而应该关心是否具有计算底面积的方法。这样,在 Pillar 类中,底面的形状的声明可以不是具体的一个类的实例,而可以是一个抽象的、通用的类型的声明。

可以编写一个抽象类或接口来实现面向抽象的编程思想。修改后的程序结构如下,这里以抽象类为例。

首先,编写一个抽象类 Geometry,在该抽象类中,定义一个抽象方法 getArea,用于计算不同形状图形的底面积。

```
//Geometry.java
public abstract class Geometry{
  public abstract double getArea();
}
```

思考题： 现在Pillar类的设计者是不是可以面向Geometry类来编写代码，即Pillar类应当把Geometry对象作为自己的成员，该成员可以调用Geometry的子类重写getArea方法。如果想使用接口，需要用什么关键字来定义Geometry？

其次，设计不再依赖具体类的Pillar类，而是面向Geometry抽象类。

```
//Pillar.java
public class Pillar{
  Geometry bottom;   //bottom是抽象类Geometry的对象
  double height;
  Pillar(Geometry bottom, double height){
    this.bottom=bottom;
    this.height=height;
  }
  Public double getVolume(){
    return bottom.getArea()*height;
  }
}
```

程序分析： Pillar类可以将计算底面积的任务指派给Geometry类的子类的实例。如果Geometry是一个接口，Pillar类就可以将计算底面积的任务指派给实现Geometry接口的类的实例。这里Pillar.java中的bottom是用抽象类Geometry声明的变量，而不是具体类声明的变量。

思考题： 如果Geometry是一个接口，那么如何回调getArea方法呢？

接着，设计Geometry的子类Round和Rectangle，这两类都需要重写Geometry类的getArea方法，用来计算各自的面积。

```
//第一个子类Round.java
public class Round extends Geometry{
  double r;
  Round(double r){
    this.r=r;
  }
  public double getArea(){
    return(3.14*r*r);
  }
}


//第二个子类Rectangle.java
public class Rectangle extends Geometry{
  double a,b;
  Rectangle(double a, double b){
    this.a=a;
    this.b=b;
  }
  public double getArea(){
    return a*b;
  }
}
```

最后，编写测试应用类 AppTest.java，代码如下：

```java
//AppTest.java
public class AppTest{
  public static void main(String[]args){
    Pillar pillar;
    Geometry bottom;
    bottom=new Rectangle(10,23,100);
    pillar=new Pillar(bottom,56);   //pillar 是矩形底的柱体
    System.out.println("矩形底的柱体的体积"+pillar.getVolume());
    bottom=new Round(20);
    pillar=new Pillar(bottom,48);   //pillar 是圆形底的柱体
    System.out.println("圆形底的柱体的体积"+pillar.getVolume());
  }
}
```

思考题：分析程序，如何通过面向抽象来设计 Pillar 类，使得该 Pillar 类不再依赖具体类？每当系统增加新的 Geometry 的子类时，如增加一个 Triangle 子类，还需要修改 Pillar 类的代码吗？

UML 类图如图 7.5 所示。

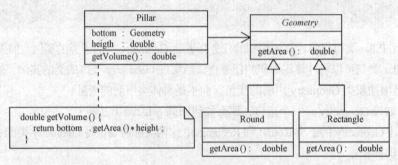

图 7.5　实验 1 UML 类图

实验 2　多用组合少用继承编程

【实验指导】

对象组合是类继承之外的另一种复用选择，新的更复杂的功能可以通过组合对象来获得。这种复用风格被称为黑盒复用（black-box reuse），因为被组合的对象的内部细节是不可见的，对象只以"黑盒"的形式出现。这就是面向对象程序设计中常说"Has-A"关系，即 A 包含有一个 B 吗？例如，汽车包含有一个汽车轮子，表示 B 是 A 的一个组成部分，而不是 A 类的特殊类。

"优先使用对象组合，而不是类继承"是面向对象程序设计的一个原则。并不是说继承不重要，而是因为每个学习 OOP 的人都知道 OO 的基本特性之一就是继承，以至于继承被滥用了，而对象组合技术往往被忽视了。

【实验任务】

组合也就是一个类的对象是另外一个类的成员，一般的 Java 程序也有组合的意味，只不过其基本数据类型是成员变量。分析下面的程序，理解组合的程序实现。

```java
class Head
{
```

```
            Head(){
              System.out.println("人的大脑 ");
               }
         }
       class Body
       {
           Body(){
              System.out.println("人的躯体");
               }
         }
        class Person
         {
            Head h=null;
            Body b=null;
            Person()      //人是由头和身体组成的,Head 和 Body 的对象是 Person 的一部分
            {
             h=new Head();
             b =new Body();
            }
          }
    public class PersonTest{
        public static void main(String args[]){
            Person p=new Person();
        }
    }
```

思考题：哪几行代码意味着组合的结构？对象作为类的组合成员有什么意义？尝试编写一个计算机的组合程序。

实验 3　策略模式设计

【实验指导】

官方策略模式的定义：

The **Strategy Design Pattern** defines a family of algorithms, encapsulates each one, and makes them interchangeable. Strategy lets the algorithms vary independently from the clients that use it.（策略模式定义了一系列的算法，并将每一个算法封装起来，而且使它们还可以相互替换。策略模式让算法独立于使用它的客户而独立变化。）

算法就是需要完成某项任务的过程。算法是一个过程——包含一些指令序列，接收输入，产生输出。单个方法也许也是个算法：它接收输入——其参数列表——并产生输出作为返回值。在某些情况下，算法也许完全包含在一个方法中，但是算法的实现经常依赖于多个方法的相互作用。在面向对象编程时很多算法会需要多个方法。

在策略模式中，封装算法的接口称作策略，实现该接口的类称作具体策略。策略模式的 UML 类图如图 7.6 所示。

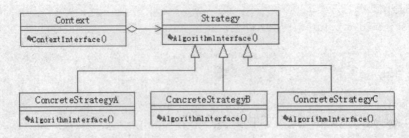

图 7.6 Strategy 类图

【实验任务】

编写程序实现策略模式的结构。

```
1 public interface Strategy
2 {
3   void algorithmInterface();
4 }
5 public class ConcreteStrategyA implements Strategy
6 {
7   public void algorithmInterface()
8   {
9     System.out.println("Called ConcreteStrategyA.algorithmInterface()");
10  }
11 }
12 public class ConcreteStrategyB implements Strategy
13 {
14   public void algorithmInterface()
15   {
16     System.out.println("Called ConcreteStrategyB.algorithmInterface()");
17   }
18 }
19 public class ConcreteStrategyC implements Strategy
20 {
21   public void algorithmInterface()
22   {
23     System.out.println("Called ConcreteStrategyC.algorithmInterface()");
24   }
25 }
26 class Context
27 {
28   Strategy strategy;
29   public Context( Strategy strategy )
30   {
31     this.strategy = strategy;
32   }
33   public void contextInterface()
34   {
35     strategy.algorithmInterface();
36   }
37 }
38 public class ClientTest
39 {
40   public static void main( String[] args )
41   {
```

```
42        Context c = new Context( new ConcreteStrategyA() );
43        c.ContextInterface();
44        Context d = new Context( new ConcreteStrategyB() );
45        d.ContextInterface();
46        Context e = new Context( new ConcreteStrategyC() );
47        e.ContextInterface();
48    }
49 }
```

思考题：针对上面的程序，对照策略模式结构 UML 图，分析策略模式结构和角色在上面程序中的内在联系。

实验4 中介者模式

【实验指导】

官方中介者模式的定义：The Mediator Pattern define an object that encapsulates how a set of objects interact.

中介者模式用一个中介对象来封装一系列的对象交互，从而使它们可以较松散的耦合。体现"优先使用对象组合，少用继承"的原则。一个类中含有一个类的对象引用是面向对象中经常使用的方式，也是面向对象多提倡的，即少用继承多用组合。但是合理组合对象对系统今后的扩展、维护和对象复用是至关重要的。

1. 中介者模式 UML 类图

中介者模式 UML 图，如图 7.7 所示。

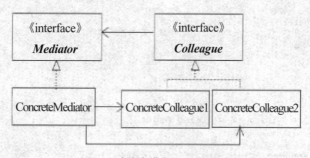

图 7.7 中介者模式 UML 图示

2. 中介者模式的角色

（1）抽象中介者（Mediator）：定义统一的接口，用于各同事角色（Colleague）之间的通信。

（2）具体中介者（Concrete Mediator）：具体中介者是实现中介者接口的类。通过协调（coordinating）各同事角色（Colleague）实现协作行为（cooperative behavior）。为此它要知道并引用各个同事角色。

（3）同事（Colleague）：一个接口，规定了具体同事需要实现的方法。每一个同事角色都知道对应的具体中介者，而且与其他的同事角色通信的时候，一定要通过中介者协作。

【实验任务】

设计一个中介者模式的程序实现。

这里提供 7 个 Java 类来描述说明 Mediator 设计模式的实现方式，7 个源代码放在同一个包 mediator 中。

（1）Colleague.java   交互对象的抽象类

```
(2) Colleague1.java         交互对象 1
(3) Colleague2.java         交互对象 2
(4) Colleague3.java         交互对象 3
(5) Mediator.java           中介者抽象类
(6) ConcreteMediator.java   具体的中介者
(7) MediatorTest.java       带有 main 方法的测试类
===============
```

下面分别实现上面 7 个 Java 文件。

（1） Colleague.java。

```java
//交互对象的抽象类,定义了中介者的注入方法、交互的行为方法
package mediator;
public abstract class Colleague {
  //中介者
  private Mediator mediator;
  public Mediator getMediator() {
    return mediator;
  }
  public Colleague(Mediator m) {
    mediator = m;
  }

  //消息
  private String message;
  public String getMessage() {
    return message;
  }
  public void setMessage(String message) {
    this.message = message;
  }
  //发送消息
  public abstract void sendMsg();
  //收到消息
  public abstract void getMsg(String msg);
  //发送消息
  public void sendMsg(String msg) {    //方法重载
    this.message = msg;
    mediator.action(this);
  }
}
//========= 1 end
```

（2） Colleague1.java。

```java
package mediator;
public class Colleague1 extends Colleague {
    public Colleague1(Mediator m) {
        super(m);   //调用父类抽象类 Colleague 构造方法
    }
    public void getMsg(String msg) {
      System.out.println("Colleague1 has got the message -'" + msg + "'");
```

```
    }
    public void sendMsg() {
        System.out.println("Colleague1 has send the message '" + getMessage() + "'");
    }
}
    //=========== 2 end
```

(3) Colleague2.java。

```
package mediator;
public class Colleague2 extends Colleague {
    public Colleague2(Mediator m) {
        super(m);
    }
    public void getMsg(String msg) {
        System.out.println("Colleague2 has got  the message -'" + msg + "'");
    }
    public void sendMsg() {
        System.out.println("Colleague2 has send the message '" + getMessage() + "'");
    }
}
    //========== 3 end
```

(4) Colleague3.java。

```
package mediator;
public class Colleague3 extends Colleague {
    public Colleague3(Mediator m) {
        super(m);
    }
    public void getMsg(String msg) {
        System.out.println("Colleague3 has got  the message -'" + msg + "'");
    }
    public void sendMsg() {
        System.out.println("Colleague3 has send the message '" + getMessage() + "'");
    }
}
    //=========== 4 end
```

(5) Mediator.java。

```
package mediator;
abstract class Mediator {
    //Mediator针对Colleague的一个交互行为
    public abstract void action(Colleague sender);
    //加入Colleague对象
    public abstract void addCollegue(Colleague colleague);
}
    //========== 5 end
```

(6) ConcreteMediator.java。

```
//具体的中介者，负责管理Colleague对象间的关系以及Colleague对象间的交互
package mediator;
import java.util.ArrayList;
import java.util.List;
```

```java
public class ConcreteMediator extends Mediator {
    //使用了泛型创建List列表对象colleagues,类型为Colleague
    private List<Colleague> colleagues = new ArrayList<Colleague>(0);
  public void addCollegue(Colleague colleague) {
      colleagues.add(colleague);
    }
   public void action(Colleague actor) {
      String msg = actor.getMessage();
      //发送msg
      for (Colleague colleague : colleagues) {
        if(colleague.equals(actor)){
          colleague.sendMsg();
          break;
        }
      }

      //获取msg
      for (Colleague colleague : colleagues) {
        if(colleague.equals(actor))
          continue;
          colleague.getMsg(msg);
      }
    }
  }
  //=========== 6 end
```

(7) MediatorTest.java。

```java
package mediator;
public class MediatorTest {
  public static void main(String[] args) {
    //生成中介者 并注入到各个Colleague对象中
    Mediator mediator = new ConcreteMediator();
    Colleague colleague1 = new Colleague1(mediator);
    Colleague colleague2 = new Colleague2(mediator);
    Colleague colleague3 = new Colleague3(mediator);

    //注册对象到中介
    mediator.addCollegue(colleague1);
    mediator.addCollegue(colleague2);
    mediator.addCollegue(colleague3);

    //Colleague1 触发行为
    colleague1.sendMsg("Hi,it's time to lunch. Let's go!");
    System.out.println();
    //Colleague2 触发行为
    colleague2.sendMsg("Is anybody here!");
    System.out.println();
    //Colleague3 触发行为
    colleague3.sendMsg("Wait!I will lunch off right away.");
    System.out.println();

  }
```

}
```
//============ 7 end
```

思考题：针对上面的程序，对照 UML 图，分析中介者模式的内在结构和角色。

实验 5　模板方法模式

【实验指导】
1. 模板方法模式

官方模板方法模式的定义：The **Template Method Pattern** defines the skeleton of an algorithm in a method, deferring some steps to subclasses. Template method lets subclasses redefine certain steps of an algorithm without changing the algorithm's structure.

模板方法模式：在一个方法中定义一个算法的骨架，而将一些实现步骤延迟到子类中。模板方法使得子类可以在不改变算法结构的情况下，重新定义算法中的某些步骤。

2. 模板方法 UML 类图

模板方法 UML 类图如图 7.8 所示。

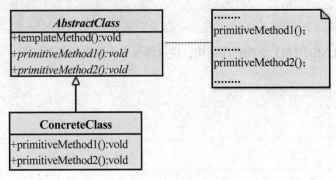

图 7.8　模板方法 UML

【实验任务】
使用代码写出模板方法模式的结构。

1. AbstractClass

定义并实现了一个模板方法，定义了一个算法的骨架；定义抽象的 primitiveMethod，具体的子类将实现它们以实现模板骨架的各个算法步骤。

```
abstract public class AbstractClass
{   public void TemplateMethod()
    {
        primitiveMethod1();
        primitiveMethod2();
        doOperation3();

    }
    protected abstract void primitiveMethod1();
    protected abstract void primitiveMethod2();
    private final void doOperation3()
    {
```

```
        // do something
    }
}
```

2. ConcreteClass

实现 primitiveMethod 以完成算法中与特定子类相关的步骤。

```
public class ConcreteClass extends AbstractClass
{
    public void primitiveMethod1()
    {
        //这里写你自己的代码
        System.out.println("primitiveMethod1();");

    }

    public void primitiveMethod2()
    {
        //这里写你自己的代码
        System.out.println("primitiveMethod2();");

    }
}
```

思考题：对照 UML 图和上面的程序结构，说说模板方法模式的要点。

第 8 章 Java 包

8.1 知识点

包是对类和接口进行组织和管理的目录结构。Java API 的每个类、接口和用户自定义的服务类都属于某个包，Java 用不同包归入相关类和接口的集合，包可以视为存储相关类和接口的容器。

Java 程序设计人员的目标之一是创建可被重用的软件构件，可被重用的类，使得在不同的程序中无须重复编写代码。Java 的包为库中已存在的类和接口提供了重用机制。Java 程序使用类的访问名——包名+类名，引用已存在的类，包的另外一个好处是它提供了"唯一类名"的约定。全世界成千上万的 Java 程序设计人员可以唯一地选择类名，而不会和其他程序员选择的类名相冲突。如果没有包来管理名字空间，那么不久类名就可能不够用了，因此，包是 Java 提供了一种用来分隔类名空间的机制。

Java 中的包主要有 3 个作用：一是使得功能相关的类和接口易于查找和引用，通常，同一包中的类和接口是功能相关的；二是避免了类命名的冲突，不同包中的类可以同名，但它们属于不同的类；三是提供一种重用权限的控制机制，类的一些访问权限以包为访问范围。

定义一个包非常简单，在 Java 源文件的开始语句中包含一条 package 语句即可。包的定义格式如下：

```
package 包名1[{.包名}];
```

其中，package 是关键字，包名 1[{.包名}]为层次结构包名，用圆点.分隔每个包。

package 语句告知编译器，将其所在类的源文件编译成中间代码（.class）文件，并在指定的 classpath 下创建层次结构的包用来存储该文件。 Java 的文件系统将存储和管理这个包。

package 语句定义了一个类存放的命名空间，将接口和类的源程序文件编译后纳入指定的层次结构包中，并指定接口和类的访问名。如果没有 package 语句，源文件编译成中间代码（.class）文件被存放在当前目录——无名包中，该包没有名字。这就是为什么在编写前面的程序时不用考虑包结构。其实，为了简便，在编写的实例程序时，使用无名包未尝不可。但是，在考虑到大多数编程中则不够用，或作为被重用的构件时，需要为代码定义一个包。

创建可复用的类的步骤如下。

（1）定义一个 public 类，如果不是 public 类，它只能被同一包中的其他类引用。

（2）选择层次结构包名，并用 package 语句将其加到可复用类的源代码文件中的第一行，指明该类所在的包。注意，此时第一行不能是空行或注释行。

（3）编译各个类（可参见本章后面的案例实现），同时用 DOS 的"-d"后边跟所要存放 class 文件的目录和文件名，比如 DOS 下：

① D:\myJava-包实验>javac -d . figure.java

② D:\myJava-包实验>javac -d f:\myclass PackageTest.java

①和②两行是 DOS 界面接下来的执行语句，表示源文件存放在 D:\myJava-包实验文件夹中。①中"-d"指定 class 文件存放到当前目录，用实心点"."表示。②中的"-d"参数是存放 class 文件的目录"f:\myclass"。figure.java 和 PackageTest.java 分别是带包的源文件。

（4）解释执行 class 文件：解释执行时要在类前面带上包的名称，比如：

D:\myJava-包实验>java mp.PackageTest

其中，mp 是自定义的包名称，PackageTest 是生成的 class 主类名称。

Java 虚拟机按 classpath 环境变量指定的路径查找类文件，所以即便引用无名包中的类，最可靠的方法将当前目录——无名包，也在 classpath 环境变量中加以设置。设置过程为："我的电脑"右键单击→"属性"→"高级"→"环境变量"→"编辑"，各个参数之间用英文分号";"隔开。一般情况不需要设置。

8.2 实验目的

（1）学习 jar 包的创建。
（2）学习包的定义以及包和包的引用与互连应用。

8.3 实验内容

实验 1 jar 包的创建

【实验指导】

要将存储在某个包中已定义的类引入到当前类中，可以有两种方法：直接使用类的访问名和使用 import 语句。

1. import 语句

import 语句的语法如下：

```
import 包名1 [{.包名.类名}].* ;
```

其中，import 是关键字，包名 1[{.包名}]为层次结构包名，用圆点.分隔每个包。* 表示引入指定包中的所有的类。

比如：`import list.*;`

使用"*"只能表示本层次的所有类，不包括子层次下的类。

2. 直接使用类的访问名

直接使用类的访问名指出要引入、重用的类，类访问名包括层次结构包名和类名两部分：

```
包名1[{.包名}].类名
```

类的包外引用往往采用 import 语句。有了 import 语句，在引用某个包中的类时，就可以直接用类名，不需要写一长串层次结构包名了，简化了问题。否则在程序中要多次用到类访问名，显然有些烦琐。

例如，在定义 Time 类继承 com.juj.Time1 类时，用两种方法引入 Time1 类：

```
    import com.juj.Time1;
    class Time extends Time1;
或  class Time extends com.juj.Time1;
```

说明：

（1）在程序中，如果要引用的类就在当前目录（无名包）中，不必使用 import 语句；

（2）java.lang 包中的所有类会自动引入，也不必使用 import 语句；

（3）层次结构包名中的父包和子包在使用上没有任何关系，如父包中的类引用子包中的类，必须使用完全的类访问名，不能省略父包名部分；又如在用 import 语句引入了一个包中的所有类，但并不会引入该包的子包中的类，如果程序中还用到子包中的类，需要再次对子包作单独引入。例如：

```
    import java.awt.*;
    import java.awt.event.*;
```

【实验任务】

1. Point.java 是用户自定义可供重用的类，存放在 classpath 为 C:\classes 路径下的 com.juj 包中。应用程序主类 MDPoint2.java 在 D:\jujava 子目录中，它引用了 Point 类，并分别用 new 操作符和默认构造方法及带参重载的构造方法产生两个 Point 类的实例 p 和 a，通过 Point 类的公有的 set 方法修改对象 P 的 *x* 坐标，输出两个实例的 *x* 和 *y* 坐标。

上机测试以下程序，体会包的应用。

```
package com.juj;
public class Point
{       private  int x,y;                //私有成员变量

        public Point()              { }      //重载的构造方法
        public Point(int x,int y)   {    this.x=x;this.y=y;}
        //其他成员方法
        public void setx(int a)     {    x=a;        }
        public int getx( )          {    return x;}
        public void sety(int a)     {    y=a;        }
        public int gety( )          {    return y;}
}
```

将 Point 类编译，并存于 classpath 为 C:\classes 的 com.juj 包中，使用编译命令：

```
    D:\jujava> javac -d C:\classes Point.java
    //MDPoint2.java 是主类，存放在无名包（即当前目录 D:\jujava）中。
import com.juj.Point;
```

```
public class MDPoint2
{    public static void main(String args[])
    {    Point a=new Point();
        Point p=new Point(3,5);
        p.setx(6);
        System.out.println(" p 点间的 x,y 坐标为: "+p.getx()+","+p.gety());
        System.out.println(" a 点间的 x,y 坐标为: "+a.getx()+","+a.gety());
    }
}
```

2. jar 命令打包与引用。

在 Java 文件系统中，一个 package 对应一个特定文件夹，一个 class 文件对应一个具体的类文件。当软件系统比较庞大时，在物理形式上，就对应了一个复杂的文件夹结构。为便于软件系统的安装和使用，Java 提供了一种文件打包技术，类似文件的压缩，将一个复杂的文件夹系统打包成一个文件。

jar.exe 是 JDK 中自带的文件打包和压缩命令，使用该命令可以完成文件系统的打包和压缩。

图 8.1 打包之前文件结构

（1）jar 命令打包。

以 D:\chapter7-code 文件夹为例，打包之前的文件结构如图 8.1 所示。

从命令行窗口进入 D:\chapter7-code，执行如下命令：

```
D:\chapter7-code>jar -cvf myjar.jar .\*.*
```

其中，参数 c 和 f 在创建 jar 文件过程中要一起使用，c 表示创建 jar 文件，f 定义创建 jar 文件的名字，参数 v 是显示 jar 文件更详细的信息。myjar.jar 是打包后的文件名和后缀。

执行过程如图 8.2 所示。

图 8.2 打包命令的使用和打包过程

文件结构中增加了 myjar.jar 文件，如图 8.3 所示。

（2）jar 包的引用。

打包文件 myjar.jar 生成之后，就可以在其他类中引用该 jar 文件中的类。为了使用 jar 包，需要将其路径添加到系统 classpath 环境变量中。假设 jar 文件的路径是 D:\chapter7-code\myjar.jar，将该路径添加到 classpath 环境变量中，步骤如图 8.4 所示，先用鼠标右键单击桌面上的"我的电脑"，选择"属性"命令。

第 8 章 Java 包

图 8.3　myjar.jar 包路径　　　　图 8.4　classpath 配置步骤 1

打开"系统属性"对话框，选择"高级"选项卡，如图 8.5 所示。

单击"环境变量"按钮，编辑环境变量，增加 jar 包路径：D:\chapter7-code\myjar.jar，用英文分号";"和前面的路径分开，最后单击"确定"按钮即可，如图 8.6 所示。

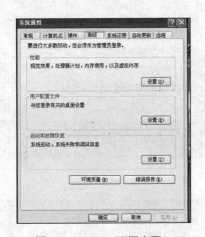

图 8.5　classpath 配置步骤 2　　　　图 8.6　classpath 配置步骤 3

当 classpath 环境变量的值发生变化的时候，必须重新启动一个命令行窗口，否则 classpath 的值不会被更新，程序出现类查找不到的错误。

classpath 的值配置好之后，就可以在其他应用程序中 import 引入包之后，使用 jar 文件所包含的类及类的方法和变量。应用程序的 jar 文件生成之后，也可以借助类似 jar2exe 的工具生成应用程序的 exe 文件，双击即可运行。

实验 2　包的定义和互连

【实验任务】

团队开发协作与类的连接组织。假定一个应用程序由多人开发，一人负责一个类模块，那么，多人开发的类如何连接组织为一个完整的应用程序呢？以这样一个模型为例，我们现在要定义计算三角形的面积、矩形面积和圆的面积，分别以 3 个类和一个抽象的接口封装，加上测试主类，分属两个包，4 个不同的 Java 文件。现在程序如何连接和运行？这里就要用到 Java 的类组织——包及接口的定义。

111

【实验步骤】
1. 问题分析。
类的连接与组织，就需要用到 Java 包的技术。共 4 个类，分别属于两个包，一个包定义为 mp，另一个包定义为 mypg。mypg 包存放三角形、矩形和圆的类定义及一个接口的编译代码，mp 包存放应用程序的主类。其结构如图 8.7 所示。

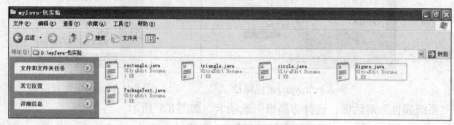

图 8.7　类源文件

2. 代码和注释。
（1）第一个 mypg 包中的接口 Figure 的定义代码：

```
//文件名为figure.java
package mypg;
  public interface figure{    //接口figure的定义，点出了周长和面积的抽象方法
      double half=0.5, pi=3.14159;
      void parameter();
      void area();
}
```

（2）第二个 mypg 包中的三角形类的定义代码：

```
//文件名为triangle.java
package mypg;
import mypg.*;  //加载mypg包中的其他类，实现类之间的连接
public class triangle implements figure{   //类triangle实现接口figure
    double b,h;
    public triangle(double u,double v){b=u; h=v;}
    public void parameter(){System.out.print( "底边"+b+"高"+h);}
    public void area(){System.out.println"三角形面积"+half*b*h);}
}
```

（3）第三个 mypg 包中的矩形的类定义代码：

```
//文件名为rectangle.java
package mypg;
import mypg.*;  //加载mypg包中的其他类，实现类之间的连接使用
public class rectangle implements figure{   //类Rectangle实现接口Figure
    double w,h;
    public Rectangle (double u,double v){w=u;h=v;}
    public void parameter(){System.out.print("宽度"+w+"高度"+h);}
    public void area(){System.out.println("矩形面积"+w*h);}
}
```

（4）第四个mypg包中的圆形类的定义代码：

```
//文件名称为circle.java
package mypg;
import mypg.figure;   //加载mypg包中的figure类，实现类之间的连接使用
public class circle implements figure{   //类circle实现接口figure
   dot q;
   double r;
   public circle(double u,double v,double m){q=new dot(u,v); r=m;}
   public void parameter(){System.out.print("位置"+q.x +","+q.y+"半径 "+r);}
   public void area(){System.out.println("圆面积"+pi*r*r);}
}
class dot{
   double x,y;
   dot(double qx,double qy){x=qx;y=qy;}
}
```

（5）定义包mp包中的类。

```
package mp;   //定义包mp
import mypg.*; //加载另一个包mypg包中的所有类
class PackageTest{
  public static void main(String args[]){
     triangle tt=new triangle(2,3);         //创建对象tt
     rectangle rr=new rectangle(4,5);       //创建对象rr
     circle cc=new circle(6,7,8);           //创建对象cc
     figure[] figureSet={tt,rr,cc};         //定义类型为接口figure的一维数组
     for(int i=0;i<figureSet.length;i++){   //通过循环分别输出
        figureSet[i].parameter();
        figureSet[i].area();
     }
  }
}
```

3. 程序执行过程及结果如图8.8所示。

思考题：带包的主类执行的时候，类前面的包名是必须吗？请实验测试回答。

图8.8　协同包执行过程及结果

第 9 章 GUI 和事件驱动

9.1 知识点

1. GUI 概述

大家想想，图形用户界面（GUI）有什么特点呢？

对一般非专业的用户而言，应该是直观、简单和易学、易用。如果作为专业的设计人员，你的设计思路是什么呢？是不是需要可视化的组件元素，需要便于层次化管理的容器，需要组件的布局管理和响应用户操作的事件驱动呢？

Java 语言先后提供了两个图形用户界面的类库：java.awt 包和 javax.swing 包，两个包囊括了实现图形用户界面的所有基本组件元素。

AWT 是 Swing 的基础，Swing 组件在命名形式上是在 AWT 组件的前面加上"J"，比如 Button/JButton，Frame/JFrame 等。在实际图形用户界面程序编写中，往往 java.awt 包和 javax.swing 包都需要加载，特别是涉及事件驱动时。Swing 组件除了与 AWT 有相似的基本组件之外，还提供了高层组件集合，如表格和树等。 要了解 Swing 就需先了解 AWT。

Java 中构成图形用户界面的各种元素称为组件（component）。这里以 Java AWT 为例，程序要显示的 GUI 组件都是抽象类 java.awt.Component 或 java.awt.MenuComponent 的子类。MenuComponent 是与菜单有关的组件。java.awt 包中主要组件类的继承关系如图 9.1、图 9.2 所示。

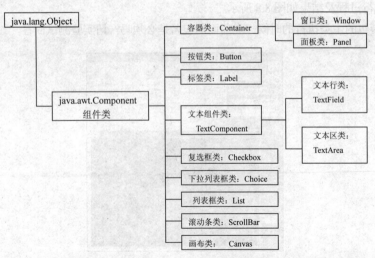

图 9.1 java.awt.Component 类的继承关系

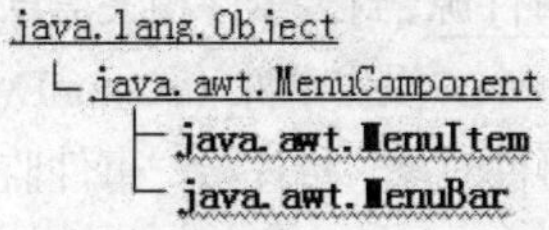

```
java.lang.Object
  └java.awt.MenuComponent
      ├java.awt.MenuItem
      └java.awt.MenuBar
```

图 9.2　java.awt.MenuComponent 继承关系

组件分为容器（Container）类组件和非容器类组件两大类。容器类本身也是组件，但容器可以包含其他组件，也可以包含其他容器；非容器类组件是原子组件，是不能再包含其他组件的组件，其种类较多，如按钮（Button/JButton）、标签（Label/JLabel）及单行文本框(TextField/JTextField)等。

容器又分为两种：顶层容器和非顶层容器。顶层容器是可以独立的窗口，顶层容器的类是 Window，Window 的重要又常用的子类是 Frame（JFrame）和 Dialog（JDilog），顶层容器含有边框，并且可以移动、放大、缩小及含有关闭标识的功能较强的容器；非顶层容器不是独立的窗口，它们必须位于顶层窗口之内，非顶层容器包括 Panel 及 ScrollPane 等。Panel 必须放在 Window 组件中才能显示，它是一个矩形区域，在其中可以摆放其他组件，可以有自己的布局管理器。Panel 的重要子类是 Applet.，ScrollPane 是可以自动处理滚动的容器。使用 add()方法可以将其他组件加入到容器中。

在 Java 应用程序中，一般独立应用程序主要使用框架 Frame（JFrame）作为容器，在 Frame 上通过放置 Panel 面板来控制图形界面的布局；如果应用到浏览器中，主要使用 Panel 的子类 Applet 来作为容器。

在 Java 应用程序中，一般独立应用程序主要使用框架 Frame（JFrame）作为容器，在 Frame 上通过放置 Panel 面板来控制图形界面的布局；如果应用到浏览器中，主要使用 Panel 的子类 Applet 来作为容器。

容器类（Container）有两个主要子类：窗口类 Window 和面板类 Panel。Window 类有两个主要组件：框架 Frame 和对话框 Dialog。Frame/JFrame、Applet/JApplet、Dialog/JDialog 继承关系如图 9.3、图 9.4 和图 9.5 所示。在继承关系链中，子类可以使用父类的成员方法。

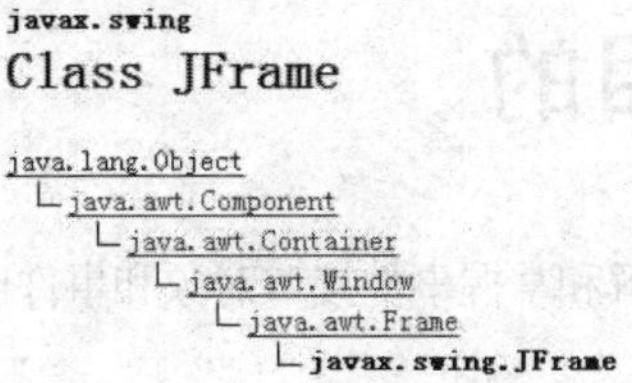

```
javax.swing
Class JFrame

java.lang.Object
  └java.awt.Component
      └java.awt.Container
          └java.awt.Window
              └java.awt.Frame
                  └javax.swing.JFrame
```

图 9.3　JFrame/Frame 继承关系

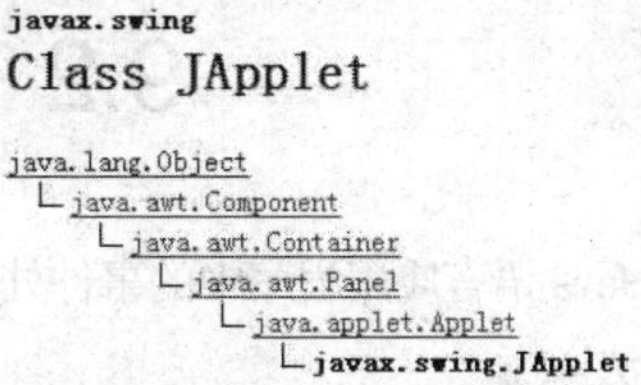

```
javax.swing
Class JApplet

java.lang.Object
  └java.awt.Component
      └java.awt.Container
          └java.awt.Panel
              └java.applet.Applet
                  └javax.swing.JApplet
```

图 9.4　JApple/Applet 继承关系

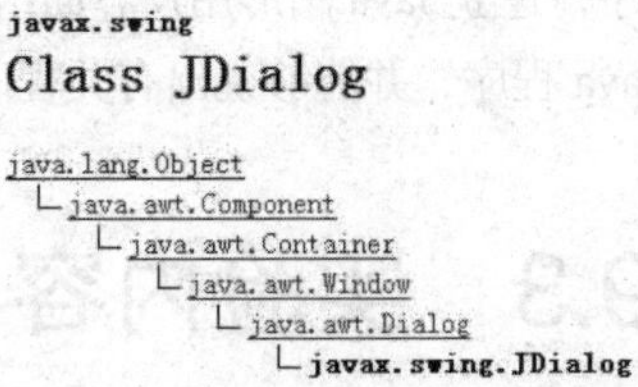

```
javax.swing
Class JDialog

java.lang.Object
  └java.awt.Component
      └java.awt.Container
          └java.awt.Window
              └java.awt.Dialog
                  └javax.swing.JDialog
```

图 9.5　JDialog/Dialog 继承关系

2．事件处理机制

在 Java 语言中，事件的处理不是由事件源自己来处理，而是交给事件监听者来处理，将事件源（如按钮）和对事件的具体处理分离开来。这就是所谓的事件委托处理模型。

事件委托处理模型由产生事件的事件源、封装事件相关信息的事件对象和事件监听者三方面构成。例如,当按钮被鼠标单击时,会触发一个"操作事件(ActionEvent)",Java 系统会产生一个"事件对象"来表示这个事件,然后把这个"事件对象"传递给"事件监听者",由监听者指定相关的接口方法进行处理。为了使事件监听者能接收到"事件对象"的信息,事件监听者要向事件源事先进行注册(register)。

事件处理示意图如图 9.6 所示。

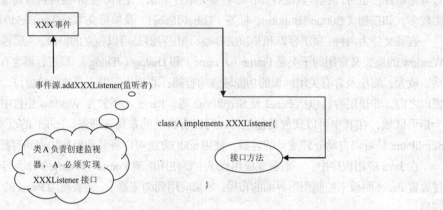

图 9.6 处理事件示意图

事件处理的实现方式:
(1)让包含"事件源"的对象来担任监听者;
(2)定义内部类来担任监听者,内部类实现了接口;
(3)事件处理采用匿名类法;
(4)适配器类的简化方法。

9.2 实验目的

(1)掌握 Java 语言应用程序中的事件处理模型,并了解和掌握事件接口对象和事件监听器对象的结构和定义方法。
(2)理解事件处理的四要素:识别事件源、识别事件、监听事件和事件处理。
(3)调试 GUI 组件对象应用程序,建立 Java 图形用户界面组件对象的概念。
(4)详细阅读本实验要调试的 Java 程序,并能够说出有关程序的预期结果。

9.3 实验内容

实验 1 组件应用入门

1. 程序填空:使用 Applet 程序结构实现邮箱登录界面,如图 9.7 所示。

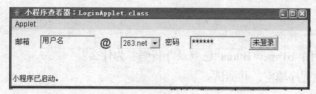

图 9.7 邮箱登录界面

程序填空：

```
import java.awt.*;
import java.awt.event.*;
import java.applet.*;
public class LoginApplet【代码1】//继承 Applet 类，实现 ActionListener 接口
{
```

【代码2】//定义按钮 b1

```
TextField tf1,tf2;
public void init()
{
  Label t1,t2,t3;
  Choice c1;
  setBackground(Color.white);
  setLayout(new FlowLayout(FlowLayout.LEFT));
  t1=new Label("邮箱");
  tf1=new TextField("用户名",10);
  t2=new Label("@");
  t2.setFont(new Font("Dialog",0,18));
  c1=new Choice();
  c1.addItem("263.net");
  t3=newLabel("密码");
  tf2=new TextField("******",10);
  b1=new Button("未登录");
```

【代码3】//为按钮 b1 注册事件监听程序

```
  tf2.addActionListener(this);
  add(t1);
  add(tf1);
  add(t2);
  add(c1);
  add(t3);
  add(tf2);
  add(b1);
}
public void actionPerformed(ActionEvent e)
{
//单机按钮或文本行中按 Enter 键时
if((e.getSource()==b1)||(e.getSource()==tf2))
{
```

【代码4】//设置按钮 b1 显示"已登录"

```
}
```

    }
  }

思考题：代码 4 用：b1=new Btton("已登录");行吗？为什么？

2. 加法计算器：程序填空，并测试。

```
import java.awt.*;
import java.awt.event.*;
import java.applet.Applet;

public class Addition extends Applet implements ActionListener{
 Label label1=new Label("+");
 Label label2=new Label("=");
```

【代码1】定义长度为 6 个字长的文本框 field1

【代码2】定义长度为 6 个字长的文本框 field2

```
  TextField field3=new TextField(6);
```

【代码3】定义名称为相加的按钮 button1

```
 public void init( ){
   add(field1);
   add(label1);
   add(field2);
   add(label2);
```

【代码4】添加 field3 组件

```
   add(button1);
```

【代码5】给 button1 定义监听器

```
 }
 public void actionPerformed(ActionEvent e){
   int x=Integer.parseInt(field1.getText())+Integer.parseInt(field2.getText());
   field3.setText(Integer.toString(x));
 }
}
```

思考题：相加运算事件驱动的路线用箭头勾勒出来。

实验 2 文本框的应用

1. 在一文本框中输入数字字符串并按 Enter 键，监视器负责将文本框中的字符串转化为整数，然后计算这个数的平方，并在命令行窗口输出平方。如图9.8所示，实现接口的监听类定义为 TextListener，输入数字的窗口界面定义类为 WinVarial，其中包含的变量和方法如 WinVarial 类图所示。

为了体现程序的模块化，分别编写和保存主类、WinVarial 类、TextListener 类。

　　　　　3个类文件存放在同一目录下或同一包中，类之间才可互相连接使用。

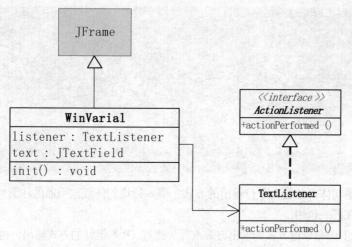

图 9.8 问题 UML 分析

分别编辑、保存和测试下面的程序。

（1）主类：ExampleCommandLine.java

```
public class ExampleCommandLine{
    public static void main(String args[]){
        WinVarial win=new WinVarial();
    }
}
```

（2）窗口输入界面类：WinVarial.java

```
import java.awt.*;
import javax.swing.*;
import static javax.swing.JFrame.*;
public class WinVarial extends JFrame{
    JTextField text;
    TextListener listener;
    public WinVarial(){
        init();
        setBounds(100,100,150,150);
        setVisible(true);
        setDefaultCloseOperation(JFrame.EXIT_ON_CLOSE);
    }
    void init(){
    setLayout(new FlowLayout());
    text=new JTextField(10);
    listener=new TextListener();
    text.addActionListener(listener);
    add(text);
    }
}
```

（3）监听接口实现类：TextListener.java

```
import java.awt.event.*;
public class TextListener implements ActionListener{
   public void actionPerformed(ActionEvent e){
      int n=0,m=0;
```

```
            String str=e.getActionCommand();
        try{
            n=Integer.parseInt(str);
            m=n*n;
            System.out.println(n+"的平方是:"+m);
            }
        catch(Exception ee){
            System.out.println(ee.toString());
            }
        }
}
```

思考题：哪一行语句体现的是命令行输出的方式？哪一行语句体现监听器的注册？
试把这 3 个类放在同一包中。

2. 程序改写。把上面命令行方式的输出方式改写为通过 GUI 组件的方式输出，也就是在一个文本框中输入数据，在另一文本框中输出计算的结果值。程序框架和结构如图 9.9 所示。从图中可以看出，需要修改 WinVarial 类和 TextListener 类。

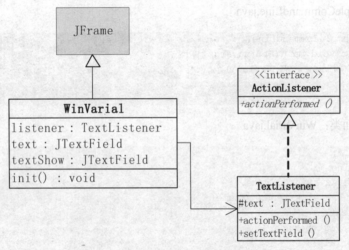

图 9.9 程序框架和结构 UML 分析

分别编辑、保存如下代码，并进行联合编译和运行。
（1）主类：ExampleComponent.java

```
public class ExampleComponent{
    public static void main(String args[]){
        WinVarial win=new WinVarial();
        }
    }
```

（2）窗口组件输入输出界面：WinVarial.java

```
import java.awt.*;
import javax.swing.*;
import static javax.swing.JFrame.*;
public class WinVarial extends JFrame{
    JTextField textInput,textShow;
    TextListener listener;
    public WinVarial(){
```

```
        init();
        setBounds(100,100,150,150);
        setVisible(true);
        setDefaultCloseOperation(JFrame.EXIT_ON_CLOSE);
    }
    void init(){
        setLayout(new FlowLayout());
        textInput=new JTextField(10);
        textShow=new JTextField(10);
        textShow.setEditable(false);
        listener=new TextListener();
        listener.setJTextField(textShow);
        textInput.addActionListener(listener);
        add(textInput);
        add(textShow);
    }
}
```

（3）监听接口实现类：TextListener.java

```
import java.awt.event.*;
import javax.swing.*;
public class TextListener implements ActionListener{
    JTextField text;
    public void setJTextField(JTextField text){
        this.text=text;
    }
    public void actionPerformed(ActionEvent e){
        int n=0,m=0;
        JTextField textSource=(JTextField)e.getSource();
        String str=textSource.getText();
        if(!str.isEmpty()){
          try{
              n=Integer.parseInt(str);
              m=n*n;
              text.setText(""+m);
          }
          catch(Exception ee){
              textSource.setText("请输入数字");
          }
        }
    }
}
```

思考题：哪一行语句体现了平方计算的结果以组件的方式输出？输出文本框的事件监听是如何实现的？

实验 3　菜单的应用

菜单界面如图 9.10 所示。测试以下源代码，并分析程序结构，回答思考题。

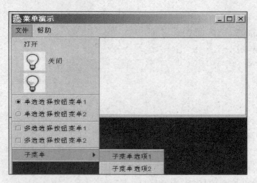

图9.10 程序结果图示

```
//MenuDemo.java 菜单演示
import java.awt.*;
import java.awt.event.*;
import javax.swing.*;
public class MenuDemo extends JFrame implements ActionListener,ItemListener
{   JTextArea output;
    JScrollPane sp;
    String nl="\n";
    public MenuDemo()
    {
        JMenuBar mnb;
        JMenu    mn;
        JMenuItem mni;
        JRadioButtonMenuItem rbmni;
        JCheckBoxMenuItem cbmni;
        addWindowListener(new WindowAdapter()
        {   public void windowClosing(WindowEvent e){System.exit(0);   }
        });
        Container c=getContentPane();
        output=new JTextArea(6,20);
        sp=new JScrollPane(output);
        c.add(sp,BorderLayout.CENTER);
        mnb=new JMenuBar();
        this.setJMenuBar(mnb);
        mn=new JMenu("文件");// "多选选择按钮菜单2"
        mnb.add(mn);
        mni=new JMenuItem("打开",KeyEvent.VK_T);
        mni.addActionListener(this);
        mn.add(mni);
        mni=new JMenuItem("关闭",new ImageIcon("tip.gif"));
        mni.addActionListener(this);
        mn.add(mni);
        mni=new JMenuItem(new ImageIcon("tip.gif"));
        mni.addActionListener(this);
        mn.add(mni);
        mn.addSeparator();
        ButtonGroup gp=new ButtonGroup();
        rbmni=new JRadioButtonMenuItem("单选选择按钮菜单1");
        rbmni.setSelected(true);
        gp.add(rbmni);
        rbmni.addActionListener(this);
```

```
            mn.add(rbmni);
            rbmni=new JRadioButtonMenuItem("单选选择按钮菜单2");
            gp.add(rbmni);
            rbmni.addActionListener(this);
            mn.add(rbmni);
            mn.addSeparator();
            cbmni=new JCheckBoxMenuItem("多选选择按钮菜单1");
            cbmni.addItemListener(this);
            mn.add(cbmni);
            cbmni=new JCheckBoxMenuItem("多选选择按钮菜单2");
            cbmni.addItemListener(this);
            mn.add(cbmni);
            mn.addSeparator();
            JMenu submn=new JMenu("子菜单");
            submn.setMnemonic(KeyEvent.VK_S);
            mni=new JMenuItem("子菜单选项1");
            mni.addActionListener(this);
            submn.add(mni);
            mni=new JMenuItem("子菜单选项2");
            mni.addActionListener(this);
            submn.add(mni);
            mn.add(submn);
            mn=new JMenu("帮助");          mnb.add(mn);
        }
        public void actionPerformed(ActionEvent e)
        {   JMenuItem source=(JMenuItem)(e.getSource());
            String s=nl+""+source.getText();
            output.append(s+nl);
        }
        public void itemStateChanged(ItemEvent e)
        {   JMenuItem source=(JMenuItem)(e.getSource());
            String s=nl+""+source.getText();
            output.append(s+nl);
        }
        public static void main(String[] args)
        {   MenuDemo f=new MenuDemo();
            f.setTitle("菜单演示");      f.setSize(400,200);
            f.setVisible(true);
        }
}
```

思考题：菜单的分级设计是怎么实现的？什么是菜单栏、菜单和菜单项？该程序中菜单驱动程序是一个什么路线？actionPerformed( )方法实现了什么功能？程序中使用匿名类了吗？在什么地方？

实验4　窗口及对话框的应用

【实验指导】

JDialog 类和 JFrame 都是 Window 的子类，二者的实例都是底层容器，二者的主要区别在于 JDialog 类创建的对话框必须依赖于某个窗口。

创建对话框和创建窗口类似，通过建立 JDialog 的子类来建立一个对话框类，然后通过这个类创建的一个对象，就是一个对话框。对话框是一个容器，它的默认布局是 BorderLayout，对话框可以添加组件，实现与用户的交互操作。

需要注意的是，对话框可见时，默认地被系统添加到显示器屏幕上，因此不允许将一个对话框添加到另一个容器中。

对话框分为无模式和有模式两种。一般默认的是无模式的对话框，无模式对话框处于激活状态时，能再激活其他窗口，而有模式的对话框，只让程序响应对话框内部的事件，用户不能再激活对话框所在程序中的其他窗口，直到该对话框消失为不可见。

【上机实验】

1. 实验 UML 图。

实验窗口及对话框的 UML 分析如图 9.11 所示。

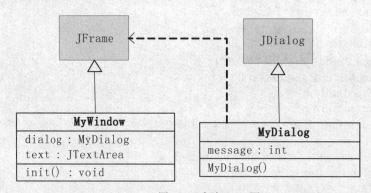

图 9.11　实验 UML 图

2. 程序运行结果如图 9.12 所示。

图 9.12　程序运行图

3. 代码设计。请测试并回答后面的思考题。

（1）主类：ExampleDialog.java

```
public class ExampleDialog{
  public static void main (String args[]){
 MyWindow win=new MyWindow();
win.setTitle("带对话框的窗口");
 }
 }
```

（2）定义一个窗口：MyWindow.java

```
import java.awt.*;
```

```java
import java.awt.event.*;
import javax.swing.*;
public class MyWindow extends JFrame implements ActionListener{
  JTextArea text;
 JButton button;
 MyDialog dialog;
 MyWindow(){
    init();
    setBounds(60,60,300,300);
    setVisible(true);
    setDefaultCloseOperation(JFrame.EXIT_ON_CLOSE);
 }
 void init(){
   text=new JTextArea(5,22);
   button=new JButton("打开对话框");
   button.addActionListener(this);
   setLayout(new FlowLayout());
   add(button);
   add(text);
   dialog=new MyDialog(this,"我是对话框",true);  /*定义窗口的属性,this 是对话框依赖的窗口,这里是
MyWindow实例,true 表示对话框是有模式的对话框*/
  }
   public void actionPerformed(ActionEvent e){
    if(e.getSource()==button){
     int x=this.getBounds().x+this.getBounds().width;
     int y=this.getBounds().y;
     dialog.setLocation(x,y);
     dialog.setVisible(true);
        if(dialog.getMessage()==MyDialog.YES)
         text.append("\n 你单击了对话框的Yes 按钮");
    else if(dialog.getMessage()==MyDialog.NO)
         text.append("\n 你单击了对话框的No 按钮");
    if(dialog.getMessage()==-1)
         text.append("\n 你单击了对话框的关闭图标");
   }
  }
 }
```

（3）定义一个对话框：MyDialog.java

```java
import java.awt.*;
import java.awt.event.*;
import javax.swing.*;
public class MyDialog extends JDialog implements ActionListener{
  static final int YES=1,NO=0;
 int message=-1;
 JButton yes,no;
 MyDialog (JFrame f ,String s,boolean b){
  super(f,s,b);
  yes=new JButton("Yes");
  yes.addActionListener(this);
  no=new JButton("No");
  no.addActionListener(this);
  setLayout(new FlowLayout());
  add(yes);
```

```
     add(no);
     setBounds(60,60,100,100);
     addWindowListener(new WindowAdapter(){
               public void windowClosing(WindowEvent e){
                   message=-1;
                    setVisible(false);
     }
     });
     }
     public void actionPerformed(ActionEvent e){
     if(e.getSource()==yes){
       message=YES;
       setVisible(false);
     }
     else if(e.getSource()==no){
     message=NO;
      setVisible(false);
     }
     }
     public int getMessage(){
     return message;
     }
     }
```

思考题：

（1）试解释 MyDialog.java 中的语句 super(f,s,b);含义。

（2）MyWindow.java 代码中，如下语句：

```
if(dialog.getMessage()==MyDialog.YES)
     text.append("\n 你单击了对话框的 Yes 按钮");
else if(dialog.getMessage()==MyDialog.NO)
     text.append("\n 你单击了对话框的 No 按钮");
```

修改为：

```
if(dialog.getMessage()==MyDialog.Yes)
     text.append("\n 你单击了对话框的 Yes 按钮");
else if(dialog.getMessage()==MyDialog.No)
     text.append("\n 你单击了对话框的 No 按钮");
```

行吗？为什么？

实验 5　表格的应用

【实验指导】

JTable 负责创建二维表格，表格以行和列的形式显示数据，允许对表格中的数据进行编辑。在表格视图中输入或修改数据后，需按 Enter 键或用鼠标单击表格的单元格确定所输入或修改的结果。在表格中输入一个数值时被认为是一个 Object 对象，Object 类有一个很有用的方法 toString()，可以得到对象的字符串表示。当需要表格刷新时，让表格调用 repaint()方法。

【上机实验】

编写一个成绩单录入程序,用户通过一个表格视图的单元格输入每个人的数学和英语成绩。单击按钮后,将总成绩放入相应表格视图单元中。

编写并测试该程序,思考程序的结构,回答有关程序的思考题。注意程序的几个模块保存在同一目录,才可进行联合编译、运行。

源程序模块:

(1)主类:ExampleTable.java

```java
public class ExampleTable{
    public static void main(String args[]){
        WindowTable win=new WindowTable();
        win.setTitle("使用表格处理数据");
    }
}
```

(2)表格数据处理类:WindowTable.java

```java
import javax.swing.*;
import java.awt.*;
import java.awt.event.*;
public class WindowTable extends JFrame implements ActionListener{
    JTable table;
    Object [][]a;
    Object [] name={"姓名","英语","数学","总成绩"};
    JButton 设置表格行数,计算;
    JTextField inputNumber;
    int rows=1;
    JPanel p;
    WindowTable(){
        init();
        setSize(550,200);
        setVisible(true);
        setDefaultCloseOperation(JFrame.EXIT_ON_CLOSE);
    }
    void init(){
        计算=new JButton("总成绩");
        设置表格行数=new JButton("确定");
        inputNumber=new JTextField(10);
        设置表格行数.addActionListener(this);
        计算.addActionListener(this);
        a = new Object[rows][4];
        table=new JTable(a,name);
        p=new JPanel();
        p.add(new JLabel("输入表格行数"));
        p.add(inputNumber);
        p.add(设置表格行数);
        p.add(计算);
        add(p,BorderLayout.SOUTH);
        add(new JScrollPane(table),BorderLayout.CENTER);
    }
    public void actionPerformed(ActionEvent e){
```

```
                    if(e.getSource()==设置表格行数){
                         rows=Integer.parseInt(inputNumber.getText());
                         a=new Object[rows][4];
                         table=new JTable(a,name);
                         getContentPane().removeAll();
                         add(new JScrollPane(table),BorderLayout.CENTER);
                         add(p,BorderLayout.SOUTH);
                         validate();
                    }
            else if(e.getSource() == 计算){
               for(int i=0;i<rows;i++){
                   double sum=0;
                   boolean boo=true;
                   for(int j=1;j<=2;j++){
                      try{
                            sum=sum+Double.parseDouble(a[i][j].toString());
                      }
                      catch(Exception ee){
                            boo=false;
                            table.repaint();
                      }
                      if(boo==true){
                            a[i][3]=""+sum;
                            table.repaint();
                      }
                   }
                }
            }
         }
      }
```

思考题：变量使用汉字命名为什么是可以的？程序中为什么用到 Object 类？toString()方法起到了什么作用？

实验 6　MVC 结构

　　MVC 架构将应用分为 3 层——模型、视图、控制，并减弱它们各自的责任。每一层处理特定的任务并对其他层有特殊的责任。
- 模型存储业务数据和控制访问与修改业务数据的业务逻辑或操作。
- 视图展示模型中的内容。
- 控制器定义了应用程序的行为。

　　使用 MVC 结构，编写计算矩形面积的程序代码。

```
import java.awt.*;
import java.awt.event.*;
import javax.swing.*;
public class JX{
 public static void main(String args[]){
  WindowRectangle win=new WindowRectangle();
  win.setTitle("使用MVC结构");
 }
```

```java
    }
class WindowRectangle extends JFrame implements ActionListener{
    Rectangle rectangle;
    JTextField textA,textB;
    JTextArea showArea;
    JButton controlButton;
    WindowRectangle(){
    init();
    setBounds(100,100,630,160);
    setVisible(true);
    setDefaultCloseOperation(JFrame.EXIT_ON_CLOSE);
    }
    void init(){
       rectangle=new Rectangle();
        textA=new JTextField(5);
       textB=new JTextField(5);
       showArea=new JTextArea();
       controlButton=new JButton("计算面积");
       JPanel pNorth=new JPanel();
       pNorth.add(new JLabel("边 A"));
       pNorth.add(textA);
       pNorth.add(new JLabel("边 B"));
       pNorth.add(textB);
       pNorth.add(controlButton);
       controlButton.addActionListener(this);
       add(pNorth,BorderLayout.NORTH);
       add(new JScrollPane(showArea),BorderLayout.CENTER);
         }
public void actionPerformed(ActionEvent e){
      try{
          double a=Double.parseDouble(textA.getText().trim());
          double b=Double.parseDouble(textB.getText().trim());
          rectangle.setA(a);
          rectangle.setB(b);
          String area=rectangle.getArea();
          showArea.append("矩形"+a+","+b+"的面积: \n");
          showArea.append(area +"\n");
          }
          catch(Exception ex){
             showArea.append("\n"+ex+"\n");
             }
          }
     }
class Rectangle{
     double sideA,sideB,area;
     boolean isRectangle;
     public String getArea(){
       if(isRectangle){
         area=sideA*sideB;
         return String.valueOf(area);
         }
         else{
         return"无法计算面积";
```

```
            }
        }
public void setA(double a){
sideA=a;
if(sideA>0&&sideB>0)
isRectangle=true;
else
isRectangle=false;
    }
public void setB(double b){

sideB=b;

if(sideA>0&&sideB>0)

isRectangle=true;

else

isRectangle=false;
    }
}
```

程序运行结果如图 9.13 所示。

图 9.13 程序运行结果

实验 7　音乐播放器

音乐播放器具有播放（Play）、停止（Stop）和循环（Loop）3 个功能，如图 9.14 所示。

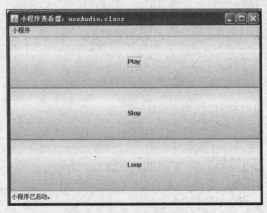

图 9.14 音乐播放器

源代码实现：

```java
import javax.swing.*;
import java.applet.*;
import java.awt.*;
import java.awt.event.*;
public class useAudio extends JApplet
{
AudioClip au;
public void init()
{
  JPanel panel1=(JPanel)getContentPane();
  panel1.setLayout(new GridLayout(3,1));
  au=getAudioClip(getCodeBase(),"dream.mid");   //dream.mid 音乐文件和源文件放在同一级目录
  JButton buttonPlay=new JButton("Play");
  JButton buttonStop=new JButton("Stop");
  JButton buttonLoop=new JButton("Loop");
  panel1.add(buttonPlay);
  panel1.add(buttonStop);
  panel1.add(buttonLoop);
buttonPlay.addActionListener(new ActionListener()
{
public void actionPerformed(ActionEvent evt)
{
  au.stop();
  au.play();}
}
);
buttonStop.addActionListener(new ActionListener()
{
  public void actionPerformed(ActionEvent evt)
{
    au.stop();}
}
);
buttonLoop.addActionListener(new ActionListener()
{public void actionPerformed(ActionEvent evt)
{
  au.stop();
  au.loop();
  }
}
);  //使用了匿名类
}
}
```

对应的 html 文件：
```html
<html>
  <applet code=useAudio.class width=500 height=300>
  </applet>
</html>
```

实验 8 综合实践

1. 实现成绩查询和排序，程序界面如图 9.15 所示。

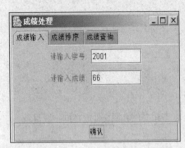
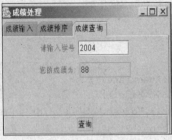
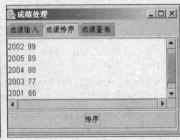

图 9.15 程序结果

测试以下程序源代码，请把程序结构的特点勾勒出来。

```java
//CcoreSort.java 页标签控件的应用
import javax.swing.*;
import java.awt.*;
import java.awt.event.*;
import javax.swing.JTabbedPane;
public class ScoreSort extends JPanel
{   class Student
        {   int sNumber=0,score=0;       }    //Student 类成员变量
        Student[] st=new Student[10];         //创建 Student 类十个对象的数组
        int k;
        JTextField tNumberIn=new JTextField(8);
        JTextField tScoreIn=new JTextField(8);
        JTextField tNumberQuery=new JTextField(8);
        JTextField tScoreQuery=new JTextField(8);
        JTextArea textArea=new JTextArea(5,20);
        public ScoreSort()
        {   //数组元素初始化
            int i=0;
            for(i=0;i<st.length;i++)
                st[i]=new Student();
            JTabbedPane tabbedPane=new JTabbedPane();
            //建立输入面板
            JPanel panel1=new JPanel();
            panel1.setLayout(new BorderLayout());
            JLabel lNumberIn=new JLabel("请输入学号: ");
            JPanel panel11=new JPanel();
            panel11.setLayout(new FlowLayout());
            panel11.add(lNumberIn);
            panel11.add(tNumberIn);
            panel1.add(panel11,BorderLayout.NORTH);
            JLabel lScoreIn=new JLabel("请输入成绩: ");
            JPanel panel12=new JPanel();
            panel12.setLayout(new FlowLayout());
            panel12.add(lScoreIn);
```

```java
        panel12.add(tScoreIn);
        panel1.add(panel12,BorderLayout.CENTER);
        JButton bIn=new JButton("确认");
        panel1.add(bIn,BorderLayout.SOUTH);
        bIn.addActionListener(new InActionListener());
        tabbedPane.addTab("成绩输入",null,panel1,null);
        tabbedPane.setSelectedIndex(0);
        //建立排序面板
        JPanel panel2=new JPanel();
        JButton bSort=new JButton("排序");
        bSort.addActionListener(new SortActionListener());
        textArea.setEditable(false);
        JScrollPane scrollPane=new JScrollPane(textArea,JScrollPane.
VERTICAL_SCROLLBAR_ALWAYS,JScrollPane.HORIZONTAL_SCROLLBAR_ALWAYS);
        GridBagLayout gridBag=new GridBagLayout();
        panel2.setLayout(gridBag);
        GridBagConstraints c=new GridBagConstraints();
        c.gridwidth=GridBagConstraints.REMAINDER;
        c.fill=GridBagConstraints.BOTH;
        c.weightx=1.0;
        c.weighty=1.0;
        gridBag.setConstraints(scrollPane,c);
        panel2.add(scrollPane);
        c.fill=GridBagConstraints.HORIZONTAL;
        gridBag.setConstraints(bSort,c);
        panel2.add(bSort);
        tabbedPane.addTab("成绩排序",null,panel2,null);
        //建立查询面板
        JPanel panel3=new JPanel();
        panel3.setLayout(new BorderLayout());
        JLabel lNumberQuery=new JLabel("请输入学号");
        JPanel panel31=new JPanel();
        panel31.setLayout(new FlowLayout());
        panel31.add(lNumberQuery);
        panel31.add(tNumberQuery);
        panel3.add(panel31,BorderLayout.NORTH);
        tScoreQuery.setEditable(false);
        JLabel lScoreQuery=new JLabel("您的成绩为: ");
        JPanel panel32=new JPanel();
        panel32.setLayout(new FlowLayout());
        panel32.add(lScoreQuery);
        panel32.add(tScoreQuery);
        panel3.add(panel32,BorderLayout.CENTER);
        JButton bQuery=new JButton("查询");
        panel3.add(bQuery,BorderLayout.SOUTH);
        bQuery.addActionListener(new QueryActionListener());
        tabbedPane.addTab("成绩查询",null,panel3,null);
        setLayout(new GridLayout(0,1));
        add(tabbedPane);
    }
    class InActionListener implements ActionListener   //成绩输入事件处理
    {   public void actionPerformed(ActionEvent event)
        {   if(k<st.length)
```

```java
                { st[k].sNumber=Integer.parseInt(tNumberIn.getText());
                  st[k].score=Integer.parseInt(tScoreIn.getText()); }
            k++;                    }
    }
    class SortActionListener implements ActionListener//成绩排序事件处理
    {   public void actionPerformed(ActionEvent event)
        {   int i,j,temp;
            String s=" ";
            //textArea.clear();
            for(i=0;i<st.length-1;i++)
                for(j=i+1;j<st.length;j++)
                    if(st[i].score<st[j].score)
        {   temp=st[i].score;st[i].score=st[j].score;st[j].score=temp;
temp=st[i].sNumber;st[i].sNumber=st[j].sNumber;st[j].sNumber=temp;  }
            textArea.setText("学号    成绩\n");
            for(i=0;i<st.length;i++)
                if(st[i].sNumber!=0)
                    s=s+st[i].sNumber+"   "+st[i].score+"\n";
            textArea.append(s);
        }
    }
    class QueryActionListener implements ActionListener    //成绩查询事件处理
    {   public void actionPerformed(ActionEvent event)
        {   int keyWord, i=0;
            String s=new String();
            keyWord=Integer.valueOf(tNumberQuery.getText()).intValue();
            for(i=0;i<st.length;i++)
            if(st[i].sNumber==keyWord)
            {   tScoreQuery.setText(s.valueOf(st[i].score));
                break;
            };
            if(i>=st.length)
            tScoreQuery.setText("未找到您的成绩");
        }
    }
    public static void main (String[] args)                //主方法
    {   JFrame frame=new JFrame("成绩处理");
        frame.addWindowListener(new WindowAdapter()
        {   public void windowClosing(WindowEvent e)
            {System.exit(0);}                          });
        frame.getContentPane().add(new ScoreSort());
        frame.setSize(300,260);
        frame.setVisible(true);
    }
}
```

2. 注册窗口，在组件中输入和选择，同时在输入内容区域中实时显示。程序界面如图9.16所示。

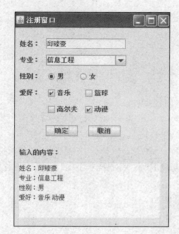

图 9.16　界面设计

测试以下程序源代码，请指出程序事件驱动是如何实现的。

```
1  import javax.swing.*;
2  import javax.swing.event.*;
3  import java.awt.event.*;
4
5  class NewUser extends JFrame
6  {
7    MyPanel mp = new MyPanel();
8
9    public NewUser(String name)
10   {
11       super(name);
12       this.setLayout(null);
13       this.setSize(300,400);
14       this.setLocation(300,200);
15       this.add(mp);
16   }
17   public static void main(String[] args)
18   {
19       NewUser frm = new NewUser("注册窗口");
20       frm.setVisible(true);
21       frm.addWindowListener(
22           new WindowAdapter()
23           {
24               public void windowClosing(WindowEvent e)
25               {
26                   System.exit(0);
27               }
28           });
29   }
30 }
31
32 class MyPanel extends JPanel implements ActionListener
33 {
34   private JLabel lab1 = new JLabel("姓名: ");
35
36   private JLabel lab2 = new JLabel("专业: ");
```

```java
37
38      private JLabel lab3 = new JLabel("性别: ");
39
40      private JLabel lab4 = new JLabel("爱好: ");
41
42      private JLabel lab5 = new JLabel("输入的内容: ");
43
44      private JTextField Inname = new JTextField();
45
46      String item[] = { "信息工程", "计算机科学与技术", "生物医学工程", "安全工程" };
47
48      private JComboBox cho = new JComboBox(item);
49
50      private ButtonGroup bg = new ButtonGroup();
51
52      private JRadioButton c1 = new JRadioButton("男",true);
53
54      private JRadioButton c2 = new JRadioButton("女",false);
55
56      private JCheckBox[] d =new JCheckBox[4];
57
58      String item2[] = { "音乐","篮球","高尔夫","动漫" };
59
60      private JButton OK = new JButton("确定");
61
62      private JButton NO = new JButton("取消");
63
64      private JTextArea text = new JTextArea("姓名: \n专业: \n性别: \n爱好: \n");
65
66      private String msg;
67
68      protected String str;
69
70      public MyPanel()
71      {
72          this.setLayout(null);
73          this.setBounds(0,0,300,400);
74          lab1.setBounds(10,20,50,20);
75          Inname.setBounds(60,20,150,20);
76          Inname.getDocument().addDocumentListener(new MyDocumentListener());
77          lab2.setBounds(10,50,50,20);
78          cho.setBounds(60,50,150,20);
79          cho.setEditable(true);
80          cho.addItemListener(new MyItemListener());
81          lab3.setBounds(10,80,50,20);
82          c1.setBounds(60,80,50,20);
83          c1.addItemListener(new MyItemListener());
84          c2.setBounds(120,80,50,20);
85          c2.addItemListener(new MyItemListener());
86          bg.add(c1);
87          bg.add(c2);
88          lab4.setBounds(10,110,50,20);
89          for (int i=0;i<4;i++)
```

```
90          {
91              d[i] = new JCheckBox(item2[i]);
92              d[i].addItemListener(new MyItemListener());
93              add(d[i]);
94          }
95          d[0].setBounds(60,110,60,20);
96          d[1].setBounds(130,110,60,20);
97          d[2].setBounds(60,140,70,20);
98          d[3].setBounds(130,140,60,20);
99          OK.setBounds(60,180,60,20);
100         OK.setEnabled(false);
101         OK.addActionListener(this);
102         NO.setBounds(140,180,60,20);
103         NO.addActionListener(this);
104         lab5.setBounds(10,220,100,20);
105         text.setBounds(10,250,265,100);
106
107         add(lab1);
108         add(lab2);
109         add(lab3);
110         add(lab4);
111         add(lab5);
112         add(Inname);
113         add(cho);
114         add(c1);
115         add(c2);
116         add(OK);
117         add(NO);
118         add(text);
119
120     }
121     public void setMessage()
122     {
123         str = "姓名: "+Inname.getText()+"\n专业: "+cho.getSelectedItem()+"\n性别: ";
124         if (c1.isSelected())
125         {
126             str += "男\n";
127         }else{
128             str+="女\n";
129         }
130         str += "爱好: ";
131         for (int i=0;i<4;i++)
132         {
133             if (d[i].isSelected())
134             {
135                 str += d[i].getText();
136 ;
137                 if (i<3)
138                 {
139                     str += " ";
140                 }
141             }
142         }
143         text.setText(str);
144     }
```

```
145
146     public void actionPerformed(ActionEvent e)
147     {
148         JButton B = (JButton)e.getSource();
149         if (B==OK)
150         {
151             JOptionPane.showMessageDialog(null,"注册成功! ", "",1 );
152         }else{
153             System.exit(0);
154         }
155 }
156 class MyDocumentListener implements DocumentListener
157 {
158     public void changedUpdate(DocumentEvent e)
159     {
160         OK.setEnabled(true);
161         setMessage();
162     }
163     public void insertUpdate(DocumentEvent e)
164     {
165         OK.setEnabled(true);
166         setMessage();
167     }
168     public void removeUpdate(DocumentEvent e)
169     {
170         if (!Inname.getText().equals(""))
171         {
172             OK.setEnabled(true);
173         }else{
174             OK.setEnabled(false);
175         }
176         setMessage();
177     }
178 }
179 class MyItemListener implements ItemListener
180 {
181     public void itemStateChanged(ItemEvent e)
182     {
183         setMessage();
184     }
185 }
186}
```

思考题：通过程序测试，分析程序结构，请问事件驱动在该源代码中是如何实现的？

第 10 章
Java 图形及多线程

10.1 知识点

1. 绘图概述

Java 标准类库提供了许多表示和操作图形的类，java.awt.Graphics 类是图形处理的基础。

显示在计算机屏幕上的图形是由一系列像素（picture element）组成的，像素是屏幕上的一片微小区域。对黑白图形的每个像素可以用一个二进制位表示，即 0 代表白色，而 1 代表黑色。通过一组特定像素的描述，计算机可以存储或显示一幅黑白图形。一幅图形组成的像素越多，看上去就越真实。

为了在屏幕上作图，每种计算机和程序设计语言都定义了一个二维的<u>笛卡儿坐标系</u>，目的是可以引用特定的像素。Java 语言具有一个相对简单的坐标系，其特点是在屏幕上所有可见点在该坐标系中都是正坐标值，即坐标原点（0，0）位于屏幕的左上角，当向屏幕的右侧移动时，x 坐标值变大，而当向屏幕的下方移动时，y 坐标值变大。如图 10.1 和图 10.2 所示。

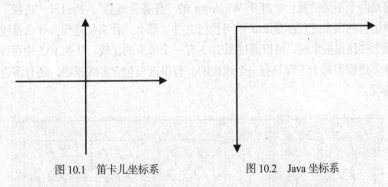

图 10.1　笛卡儿坐标系　　　　图 10.2　Java 坐标系

坐标的单位用像素度量，文本和图形利用坐标显示在屏幕上的指定位置。

2. 多线程概述

随着个人计算机所使用的微处理器的飞速发展，早期大型计算机所具有的系统多任务和分时特性，现在个人计算机也都具备了。现代操作系统不仅具有支持多进程的能力，而且也支持多线程，同时 Java 在语言内置层次上提供了对多线程的直接支持。

以往开发的程序大多是单线程的，即一个程序只有从头至尾的一条执行路径。**而多线程（multithread）是指同时存在几个执行体，按几条不同的路线共同工作的情况。**多线程是将一个程序中的各个"程序段"并发化,将按顺序执行的"程序段"转成并发执行,每一个"程序段"是一个逻辑上相对完整的程序代码段。

并发执行和并行执行不同,并行执行通常表示同一时刻有多条指令代码在处理器上同时执行,这种情况往往需要多个处理器,如多个 CPU 等硬件的支持,如图 10.3 所示。而并发执行通常表示,在单处理器运行环境下,单就某一个时间点而言,同一时刻只能执行一条指令代码,多个线程分享 CPU 时间,操作系统负责调度并给它们分配资源。但在**一个时间段**内,这些代码交替执行,即所谓"微观串行,宏观并行"。如图 10.4 所示。

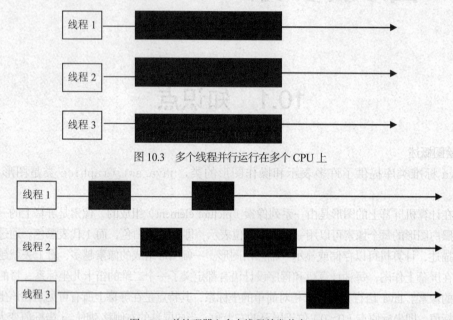

图 10.3 多个线程并行运行在多个 CPU 上

图 10.4 单处理器上多个线程并发共享 CPU

进程和线程是两个不同的概念。打开 Windows 的"任务管理器",再打开"进程"标签选项,可以看到计算机中运行的很多进程都是.exe 的可执行文件。那么,什么是进程?什么是线程?它们之间是什么关系?概念往往是抽象的,可以通过图 10.5 有一个形象的比较,从图 10.5 中可以看出,有单进程单线程的,有多进程但每个进程只有一个线程的,有单进程包含多线程的,还有多进程且每个进程有多个线程的情况。

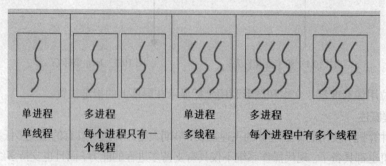

图 10.5 进程和线程关系

线程是比进程更小的程序执行单位。一个进程可以在其执行过程中产生多个线程,形成多条执行路径。

10.2 实验目的

（1）掌握在 HTML 文件中定义 Applet 的方法。
（2）熟悉运用 Graphics 类的绘图方法，了解图形类的设计方法。
（3）了解 Applet 小程序生命周期各阶段。
（4）熟悉线程的创建。
（5）通过实验，理解线程间的数据共享和同步控制。
（6）综合应用多线程。

10.3 实验内容

实验 1　绘制图形

【实验指导】

1. Graphics 类绘制直线、矩形的方法

public void drawLine（int x1，int y1，int x2，int y2），从起点（x1，y1）到终点（x2，y2）画一条直线。

public void drawRect（int x，int y，int w，int h），绘制矩形，矩形左上角坐标为（x，y），宽度为 w，高度为 h。

public void clearRect（int x，int y，int w，int h），擦除左上角坐标为（x，y），宽度为 w，高度为 h 的矩形。

public void fillRect（int x，int y，int w，int h），绘制用当前前景色填充的矩形，矩形的左上角坐标为（x，y），宽度为 w，高度为 h。

public void drawRoundRect（int x，int y，int w，int h，int aw，int ah），绘制左上角坐标为（x，y），宽度为 w，高度为 h 的圆角矩形，圆角弧离矩形左上角坐标（x,y）点的水平宽度为 aw，圆角弧离矩形左上角坐标（x,y）点的垂直高度为 ah，圆角越扁平，aw 和 ah 的值越大；反之，则小一点。

public void fillRoundRect（int x，int y，int w，int h，int aw，int ah），绘制用当前前景色填充的圆角矩形，矩形的左上角坐标为（x，y），宽度为 w，高度为 h，圆角宽度为 aw，高度为 ah，圆角越扁平，值越大；反之，则小一点。

public void draw3DRect（int x，int y，int w，int h，boolean b），绘制三维矩形，矩形的左上角坐标为（x，y），宽度为 w，高度为 h，b 为 true 表示凸起，false 表示凹陷。

public void fill3DRect（int x，int y，int w，int h，boolean b），绘制用当前前景色填充的三维矩形，矩形的左上角坐标为（x，y），宽度为 w，高度为 h。

2. paint()方法

Java 支持图形的最初目的是为了增强 Applet 和应用程序在可视化方面的功能。

paint()方法的运行具有自发性，即它在适当的时机自动运行，而不是通过程序员编写调用代码来调用。paint()方法在下列情况发生时会自动运行：

（1）当新建窗口显示在显示器上或隐藏变成显示时；
（2）从缩小图标还原为正常显示之后；
（3）正在改变窗口的大小时。

在 Applet 面板上作图，程序设计人员很少直接调用 paint 方法，因为绘制图形属于事件驱动进程（event driven process），当 Applet 程序被激活执行完生命周期中的 init()、start()方法之后，会自动执行 paint()方法。以后若要更改画面，如当 Applet 窗口最小化或改变 Applet 窗口大小等，必定会产生绘制图形事件，自动执行 paint 方法。<u>若要强迫执行 paint 方法，可执行 repaint 方法。</u>

3. 绘制圆弧

Graphics 类绘制圆弧，圆弧的位置和大小皆由外接矩形来决定，椭圆是外接矩形的内切椭圆，弧形是外接矩形的内切椭圆的一部分曲线。

Graphics 类绘制圆、椭圆、圆弧的方法：

public void drawOval (int x, int y, int w, int h)，绘制内切椭圆，外接矩形的左上角坐标为（x, y），宽度为 w, 高度为 h。

public void fillOval (int x, int y, int w, int h)，绘制用当前前景色填充的内切椭圆，外接矩形的左上角坐标为（x, y），宽度为 w, 高度为 h。

public void drawArc (int x, int y, int w, int h, int sA, int aA)，绘制弧形，外接矩形的左上角坐标为（x, y），外接矩形的内切椭圆的宽度为 w，高度为 h，起始角为 sA，弧度为 aA 的圆弧，逆时针扫过的度数用正值度量，顺时针度数用负值度量。

public void fillArc (int x, int y, int w, int h, int sA, int aA)，绘制用当前前景色填充的弧形，外接矩形的左上角坐标为（x, y），外接矩形的内切椭圆的宽度为 w，高度为 h，起始角为 sA，角度为 aA 的填充弧形，逆时针扫过的度数用正值度量，顺时针度数用负值度量。

【实验任务】

1. 程序填空：在 Applet 窗口画各种矩形。

```
import java.awt.*;
import java.applet.Applet;
public class RectDemo extends Applet
{   public void paint(Graphics g)
    {   【1】绘制起始坐标（20,20），长和宽分别为 60 的矩形
        g.fillRect(120,20,60,60);
        g.setColor(Color.red);              //设置前景色为红色
        g.drawRoundRect(220,20,60,60,20,20);
        g.fillRoundRect(320,20,60,60,20,20);
        【2】设置前景色为粉红色
        【3】定义外凸的 3D 矩形
        g.fill3DRect(520,20,60,60,false);
    }
}

//RectDemo.html
<html>
【4】嵌入 RectDemo.class,并定义页面的长和宽
</applet>
```

```
</html>
```

2. 在 Applet 窗口画各种曲线。

```
import java.awt.*;
import java.applet.Applet;
public class OvalDemo extends Applet
{    public void paint(Graphics g)
     {    【1】绘制圆
          g.fillOval(120,20,85,60);
          g.setColor(Color.red);              //设置前景色为红色
          【2】绘制圆弧，度数用正数表示
          g.fillArc(320,20,60,60,90,180);
          g.setColor(Color.pink);             //设置前景色为粉红色
          g.drawArc(320,20,160,60,25,-130);
          g.fillArc(420,20,160,60,25,-130);
     }
}
```

3. 测试以下程序，理解 Applet 的生命周期。

```
 1  import java.applet.*;
 2  import java.awt.*;
 3  public class AppletLifeCycle extends Applet
 4  {private int iC,sC,oC,dC,pC;
 5     public AppletLifeCycle()
 6     {   iC=sC=oC=dC=pC=0; }
 7     public void init(){      iC++;    }
 8     public void destroy()  {    dC++;    }
 9     public void start()     {   sC++;    }
10     public void stop(){      oC++;    }
11     public void paint(Graphics g)
12     { pC++;
13        g.drawLine(20,200,300,200);    //x 轴线，长度从 20 到 300
14        g.drawLine(20,200,20,20);      //y 轴线，高度从 200 到 20
15        g.drawLine(20,170,15,170);
16        g.drawLine(20,140,15,140);
17        g.drawLine(20,110,15,110);
18        g.drawLine(20,80,15,80);
19        g.drawLine(20,50,15,50);
20        g.drawString("Init()",25,213);
21        g.drawString("Start()",75,213);
22        g.drawString("Stop()",125,213);
23        g.drawString("Destroy()",175,213);
24        g.drawString("Paint()",235,213);
25        g.setColor(Color.red);
26        g.fillRect(25,200-iC*30,40,iC*30);
27        g.fillRect(75,200-sC*30,40,sC*30);
28        g.fillRect(125,200-oC*30,40,oC*30);
29        g.fillRect(175,200-dC*30,40,dC*30);
30        g.fillRect(235,200-pC*30,40,pC*30);
31     }
32  }
```

对应 HTML 文件：

```
       <html>
       <applet code="AppletLifeCycle.class" width=500 height=300>
       </applet>
   </html>
```

思考题：对程序运行结果界面最小化后再打开，观察界面变化，思考 init()和 start()方法有何不同？

实验 2　用 Thread 类创建线程

【实验指导】

Java 语言的基本类库中已经定义了 Thread 这个基本类。Thread 类位于 java.lang 包中，继承了 Object 类，实现了 Runnable 接口，如图 10.6 所示。参见官方网站：http://download.oracle.com/javase/6/docs/api/java/lang/Thread.html。

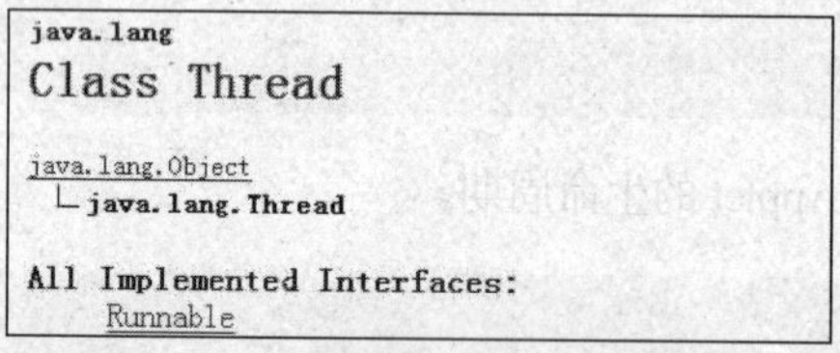

```
java.lang
Class Thread

java.lang.Object
  └java.lang.Thread

All Implemented Interfaces:
    Runnable
```

图 10.6　Thread 继承层次和实现的接口

继承 Thread 类是实现线程的一种方法。要在一个类中激活线程，必须从格式上要做到：
（1）此类必须是继承自 Thread 类；
（2）线程所要执行的代码必须写在 run( )方法内。

线程执行时，从它的 run( )方法开始执行。run()方法是线程执行的起点，就像 main()方法是应用程序的执行起点、init()方法是小程序的执行起点一样。run()方法定义在 Thread 类中。所以，必须通过覆盖定义 run()方法来为线程提供代码。

一般线程代码的结构大致这样：

```
       class MyThread extends Thread       //从 Thread 类派生子类
       {
          类里的成员变量；
          类里的成员方法；
          public void run( )                //覆盖父类 Thread 里的 run()方法
          {
            //这里写上线程内容
          }
       }
       class TestThread                     // 定义启动线程的主类
       {
         public static void main(String[] args)
         {
          //使用 start 方法启动一个线程
          new MyThread().start();           //可以利用匿名对象
           }
       }
```

run()方法规定了线程要执行的任务,run()方法承接start()方法的启动。Thread类中的start()方法,使该线程由新建状态变为就绪状态。

【实验任务】
程序填空:利用Thread类的子类来创建线程。

```
1  class ThreadClass {
2    public static void main(String args[])
3    {
4      【1】创建线程对象t1,thread1为线程名称
5      MyThread t2=new MyThread("thread2");
6      【2】启动线程,注意此处调用的是start( )方法,而不是run( )方法
7      t2.start();
8      System.out.println("主方法main 运行结束");
9    }
10 }
11 class MyThread extends Thread
12 {
13   public MyThread(String str)
14   {
15     super(str);          //调用父类构造方法Thread(String name)指定线程名称
16   }
17   public void run()      //线程代码段,start( )方法启动后,线程从此处开始执行
18   {                      //覆盖Thread类中的run( )方法
19     for (int i=0; i<3; i++)
20     {
21       System.out.println(getName()+"在运行");
22                         //getName()是系统类Thread类中方法,返回线程名称
23       try
24       {
25         【3】当前线程休眠1000毫秒
26       }
27       catch (InterruptedException e) {}
28     }
29     System.out.println(getName()+"已结束");
30   }
31 }
```

实验3 实现Runnable接口创建线程

【实验指导】
Runnable接口位于java.lang包中,其中只提供一个抽象方法run( )的声明。Runnable是Java语言中实现线程的接口,Thread类就是实现了Runnable接口,所以其子类才具有线程的功能。
用Runnable接口创建线程的一般格式为:

```
class MyThread implements Runnable    //定义实现接口Runnable的类
{
    public void run()
    {
```

```
      // 这里写上线程的内容
   }
}

class TestThread   //定义测试主类
{
   public static void main(String[] args)
    {
    //使用这个方法启动一个线程
    new Thread(new MyThread()).start();   //这里利用匿名对象
    // 实现接口的线程类的对象作为 Thread 构造方法的参数
    }
}
```

Thread 类中的 run()方法是空的，继承 Thread 类生成子类过程时，就要对 run()方法进行方法覆盖或重构。定义一个类实现 Runnable 接口，添加 run()方法中的代码，然后将这个类所创建的对象作为参数传给 Thread 类的构造方法，再创建一个 Thread 类的对象，启动、调用 run()方法，执行线程代码。

【实验任务】

程序填空：利用 Runnable 接口创建线程。

```
1  class RunnableClass {
2    public static void main(String args[])
3    {
4       MyThread m1=new MyThread("thread1");
5       MyThread m2=new MyThread("thread2");
6       【1】 创建 Thread 对象 t1,以 m1 为参数绑定_____
7       Thread t2=new Thread(m2);    //m2 为第 5 行的 m2
8       【2】启动线程 t1_____
9       t2.start();
10      System.out.println("主方法 main 运行结束");
11
12   }
13 }
14 class MyThread implements Runnable
15 {
16   String name;
17   public MyThread(String str)
18   {
19   【3】把参数 str 赋值给成员变量 name_____
20   }
21
22 public void run() {            //实现接口中的 run( )方法
23    for (int i=0; i<3; i++) {
24     System.out.println(name+"在运行");
25  try
26   {
27   【4】当前运行线程休眠 1000ms_____
28   }
29    catch (InterruptedException e) {}
30   }
31  System.out.println(name+"已结束");
```

```
32    }
33  }.
```

实验 4　线程间的数据共享：模拟航空售票

【实验指导】

在实际多线程应用中，往往都涉及多个同时运行的线程需要共享数据资源，如多个线程访问同一个变量、多个线程操作同一个文件等，这就需要同步这些线程的工作顺序，来得到预期的效果。

当多个线程的执行代码来自同一个类的 run( )方法时，则称这些线程共享相同的代码；当共享代码访问相同的数据时，则称它们共享相同的数据。通过前面学习，我们知道了建立 Thread 类的子类和实现 Runnable 接口都可以创建多线程，但它们之间的一个主要区别就在于对数据的共享上。使用 Runnable 接口可以轻松实现多个线程共享相同的数据，只要用同一个实现了 Runnable 接口的类的对象作为参数创建多个线程就可以了。

【实验任务】

程序填空：利用 Runnable 接口实现铁路售票模拟程序，假设我们的总票数 15 张。

```
1  class ThreadSale  implements Runnable
2  {
3     private int tickets=15;          //总票数
4     public void run()
5     {
6        while(true)
7        {
8          if(tickets>0)               //如果有票可售
9            System.out.println(Thread.currentThread( ).getName( )+"出售车票第"+tickets--+"张" );
10         else
11           System.exit(0);
12       }
13    }
14 }
15
16 public class TicketSale2
17 {
18    public static void main(String args[])
19    {
20       【1】创建一个实现接口的售票类对象 t
          //用此对象 t 作为参数创建 3 个线程，第二个参数为线程名称
21       【2】创建线程 t1，线程名称为 "第一个售票窗口"
22       Thread t2=new Thread(t,"第 2 个售票窗口");
23       Thread t3=new Thread(t,"第 3 个售票窗口");
24       【3】启动线程 t1
25       t2.start( );
26       t3.start( );
27    }
28 }
```

实验 5　多线程的同步控制：模拟银行取款

设计一个模拟用户从银行取款的应用程序。设某银行账户存款额的初值是 2000 元，用线程模拟两个用户从银行取款的情况。两个用户分 4 次从银行同一账户取款，每次取 100 元。

测试如下源代码，请回答思考题。

```java
class Bank
{
    private static int money = 2000;
    public synchronized static void take(int k)
    {
        money -= k;
        System.out.println(Thread.currentThread().getName()+" 取了 100 元,存款余额 "+money+"元");
    }
}
class User extends Thread
{
    public User(String username)
    {
        super(username);
    }
    public void run()
    {
        for(int i=1;i<=4;i++)
        {
            try{
            Thread.sleep((int)(1000*Math.random()));
            }catch(InterruptedException e){}
            Bank.take(100);
        }
    }
}
public class TakeMoney
{
    public static void main (String[] args)
    {
        User user1 = new User("用户甲");
        User user2 = new User("用户乙");

        user1.start();
        user2.start();
    }
}
```

思考题：同步控制是如何实现的？

实验6 综合实践

运用图形绘制技术和多线程技术编写程序。在 Applet 界面上，设计并图形显示一个走动的计时器，并能显示当前的日期和星期。程序运行效果如图 10.7 所示。

测试以下参考源程序，勾勒出程序的结构及多线程的实现方式。

图 10.7 时钟图

```java
//Clock.java
import java.util.*;
import java.awt.*;
import java.applet.*;
import java.text.*;
public class Clock extends Applet implements Runnable
//使用Runnable接口引入线程
{   private volatile Thread timer;                       //显示时间的线程
    private int lxs,lys,lxm,lym,lxh,lyh;                 //时、分、秒针的x,y坐标
    private SimpleDateFormat f;                          //日期显示格式
    private String lDate;
    private Font cfFont;
    private Date cDate;
    private Color hColor;
    private Color nColor;
    public void init()
    {   int x,y;
        lxs=lys=lxm=lym=lxh=lyh=0;
        //设置日期、时间显示格式
        f=new SimpleDateFormat("yyyy/MM/dd EE HH:mm:ss",Locale.getDefault());
        cDate=new Date();                                //获取当前日期
        //System.out.println("DD:"+cDate);
        lDate=f.format(cDate);
        cfFont=new Font("Serif",Font.PLAIN,15);          //设置时钟面上字符的字体
        hColor=Color.red;                                //设置时钟时、分针的颜色
        nColor=Color.darkGray;                           //设置秒针的颜色
        //resize(300,300);
    }
    public void paint(Graphics g)
    {   int xh,yh,xm,ym,xs,ys,s=0,m=10,h=10;
        int xc=80,yc=55;                                 //确定时钟圆框的圆心位置
        String today;
        cDate=new Date();
        f.applyPattern("s");                             //分别获取当前时、分、秒的值
        try
        {   s=Integer.parseInt(f.format(cDate));    }
        catch(NumberFormatException n)
        {   s=0;    }
        f.applyPattern("m");
        try
        {   m=Integer.parseInt(f.format(cDate));    }
        catch(NumberFormatException n)
```

```
            {    m=10;                                              }
        f.applyPattern("h");
        try
        {   h=Integer.parseInt(f.format(cDate));    }
        catch(NumberFormatException n)
        {    h=10;                                                  }
        xs=(int)(Math.cos(s*Math.PI/30-Math.PI/2)*45+xc);
        //确定时、分、秒针端的x,y坐标
        ys=(int)(Math.sin(s*Math.PI/30-Math.PI/2)*45+yc);
        xm=(int)(Math.cos(m*Math.PI/30-Math.PI/2)*40+xc);
        ym=(int)(Math.sin(m*Math.PI/30-Math.PI/2)*40+yc);
        xh=(int)(Math.cos(h*Math.PI/6-Math.PI/2)*30+xc);
        yh=(int)(Math.sin(h*Math.PI/6-Math.PI/2)*30+yc);
        g.setFont(cfFont);                          //画时钟圆框及钟面上的字符
    g.setColor(hColor);
        g.drawArc(xc-50,yc-50,100,100,0,360);
        g.setColor(nColor);
        g.drawString("9",xc-45,yc+3);
        g.drawString("3",xc+40,yc+3);
        g.drawString("12",xc-5,yc-37);
        g.drawString("6",xc-3,yc+45);
        f.applyPattern("yyyy/MM/dd EE HH:mm:ss");
        today=f.format(cDate);
        g.setColor(getBackground());
        if(xs!=lxs || ys!=lys)
        {    g.drawLine(xc,yc,lxs,lys);
             g.drawString(lDate,5,125);         }
        if(xm!=lxm || ym!=lym)
        {    g.drawLine(xc,yc-1,lxm,lym);
             g.drawLine(xc-1,yc,lxm,lym);       }
        if(xh!=lxh || yh!=lyh)
        {    g.drawLine(xc,yc-1,lxh,lyh);
             g.drawLine(xc-1,yc,lxh,lyh);       }
        g.setColor(nColor);
        g.drawString(today,5,125);
        g.drawLine(xc,yc,xs,ys);
        g.setColor(hColor);
        g.drawLine(xc,yc-1,xm,ym);
        g.drawLine(xc-1,yc,xm,ym);
        g.drawLine(xc,yc-1,xh,yh);
        g.drawLine(xc-1,yc,xh,yh);
        lxs=xs;lys=ys;lxm=xm;lym=ym;lxh=xh;lyh=yh;lDate=today;cDate=null;
    }
    public void start()
    {   timer=new Thread(this);
        timer.start();
    }
    public void stop()
    {   timer=null;              }
    public void run()
    {   Thread me=Thread.currentThread();
        while(timer==me)
        {   try
            {   Thread.currentThread().sleep(1000);       }
            catch(InterruptedException e)     {           }
```

```
                repaint();
            }
        }
        public void update(Graphics g)
        {    paint(g);         }
    }

//Clock.html
    <html>
    <applet code="Clock.class" width=180 height=160>
    </applet>
    </html>
```

第 11 章 JDBC 编程

11.1 知识点

1. 数据库概念

数据库是数据的集合，它由一个或多个表组成。每一个表对应一类对象的数据描述。关系数据库是目前使用最广泛的数据库系统，一般采用二维的数据组织方式。一个关系是一个规范化的二维表格，如图 11.1 所示。

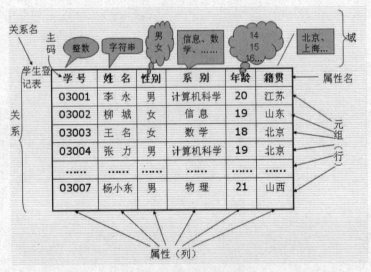

图 11.1 学生登记二维表

如图 11.1 所示，规范化的二维表的属性值具有原子性、不可分解，也就是说不允许表中有表，元组不可重复。因此，一个关系模式至少存在一个候选码，没有行序，即元组之间无序，关系是元组的集合，集合的元素是无序的；没有列序，即属性之间无序，关系模式是属性的集合。

数据库管理系统是位于用户和操作系统之间的一层数据管理软件，它由系统运行控制程序、语言翻译程序和一组公用程序组成。数据库管理示意图如图 11.2 所示。

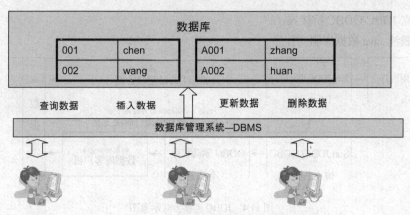

图 11.2　数据库管理系统示意图

关系数据库系统的研究成就促成了许多商品化关系数据库管理系统的涌现，如 Microsoft Access、Oracle、DB2、Sybase、Microsoft SQL Server、Informix 等。

2．JDBC 工作区域

JDBC（Java DataBase Connectivity）是 Java 运行平台的核心类库中的一部分，提供访问数据库 API，它由一些 Java 类和接口组成。在 Java 中可以使用 JDBC 实现对数据中标记录的查询、修改和删除等操作。JDBC 技术在数据库开发中占有很重要的地位，JDBC 操作不同数据库仅仅是连接方式上的差异而已，使用 JDBC 的应用程序一旦和数据库建立连接，就可以使用 JDBC 提供的 API 操作数据库。

JDBC 工作在应用系统或应用程序与数据库相连的中间环节，如图 11.3 所示的问号。这个问号包含了应用系统的数据如何组织并存储到计算机中，应用程序又如何连接数据库、访问数据库中的数据，JDBC 就提供了有力的支持。

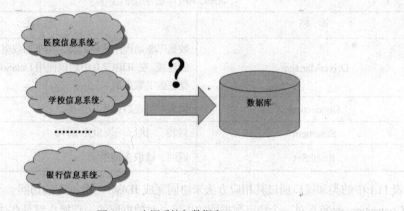

图 11.3　应用系统与数据库

使用 JDBC，经常进行如下操作。

（1）与一个数据库建立连接；
（2）向已连接的数据库发送 SQL 语句；
（3）处理 SQL 语句返回结果。

3．JDBC 连接方式的选择

应用程序为了能和数据库交互信息，必须首先和数据库建立连接。和数据库建立连接常用以下两种方式，如图 11.4 所示。

(1)建立 JDBC-ODBC 桥接器;
(2)加载纯 Java 数据库驱动程序。

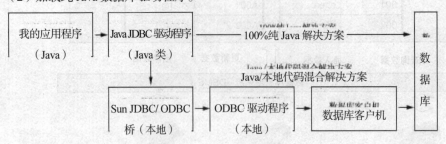

图 11.4 JDBC 连接方式示意图

这两种方式分别有各自的优势,应针对实际需要选择一种合理的方式。但是,使用 JDBC 的应用程序无论采用哪种方式连接数据库,都不会影响操作数据库的逻辑代码,这非常有利于代码的维护和升级。

如果使用加载纯 Java 数据库驱动程序连接数据库,需要得到数据库厂家提供的纯 Java 数据库驱动程序。为了便于教学,本章使用 JDBC-ODBC 桥接器。

4. JDBC API 提供的常用类和接口

JDBC(Java DataBase Connectivity)是用于执行 **SQL** 语句的 **Java** 应用程序接口,由一组用 **Java** 语言编写的类与接口组成。**JDBC** 的 API 包含在 java.sql 和 javax.sql 两个包中。面向程序员的 JDBC API 可以完成以下主要任务:首先建立和数据源的连接,然后向其传送查询和修改等 SQL 命令,最后处理数据源返回的 SQL 执行的结果。JDBC 提供的主要接口和类如表 11.1 所示。

表 11.1   JDBC API 中重要的接口和类

名 称	描 述
DriverManager	数据库驱动程序管理的类,用于加载驱动程序,建立与数据库的连接。在 JDBC2.0 中建议使用 DataSource 接口来连接包括数据在内的数据源
Connection	代表对特定数据库的连接
Statement	封装、执行一条 SQL 语句
ResultSet	返回、读取查询结果

表 11.1 中的类和接口通过其相应方法来协同完成 JDBC 对数据库的访问。

Connection 是负责对一个特定数据库的连接,对数据库的一切操作都是在这个连接的基础上进行的。Connection 接口中常用的方法如下。

(1)Statement createStatement():用于创建一个用来给数据库发送 SQL 语句的 Statement 对象,SQL 语句通常不带参数。需要抛出 SQLException 异常。

(2)PreparedStatement prepareStatement(String sql):创建向数据库发送 SQL 语句的 PreparedStatement 对象,用于执行带有参数的 SQL 语句。一个 SQL 语句多次执行可以被预编译和保存在 PreparedStatement 对象中,能够提高执行的效率。需要抛出 SQLException 异常。

(3)void close():关闭连接,释放数据库和 JDBC 资源。抛出 SQLException 异常。

Statement 接口包括了执行 SQL 语句的方法。Statement 对象用于执行不带参数的简单 SQL 语句。Statement 接口常用的方法如下。

(1) ResultSet executeQuery(String sql): 用于执行 SQL 语句,返回单个 ResultSet 对象,只接受 SELECT 语句,其他类型的 SQL 语句将使方法出现异常。抛出 SQLException 异常。

(2) int executeUpdate(String sql): 用于执行 INSERT、UPDATE、DELETE 等语句,以及 SQL 语言中的 DDL(数据定义语言)语句,如 CREATE TABLE 等。抛出 SQLException 异常。

(3) void close(): 立即释放 Statement 对象数据和 JDBC 资源,抛出 SQLException 异常。

ResultSet 接口用来容纳数据库查询操作所获得的结果集合。ResultSet 目前只提供基本的顺序读取数据的能力。提取执行结果常用的方法如下。

(1) 使用 boolean next()方法: 实现数据的遍历操作,boolean next()方法用来将 ResultSet 内部的数据游标指向下一个数据,游标最初位于结果集第一行之前,要访问一个新的 ResultSet 中的数据,必须先执行一次 next()方法,使得游标指向第一个数据。如果没有下一个数据,方法将返回 false。通常遍历数据使用如下形式的代码:

```
while(resultSet.next()){
    resultSet.getXXX(index);
}
```

(2) 使用 getXXX()方法: 使用相应类型的 getXXX()方法可以从当前行指定列中提取不同类型的数据。例如,提取 VARCHAR 类型的数据时就要用 getString()方法,而提取 FLOAT 类型数据的方法就使用 getFloat()方法。

11.2 实验目的

(1) 了解 JDBC 应用的环境配置。
(2) 学习通过 JDBC 实现 Access 数据库的连接。
(3) 学习通过 JDBC 对数据库的增、删、改和查的操作。

11.3 实验内容

实验 1　Access 数据库的创建与 ODBC 数据源

1. 数据库的创建

Microsoft Access 数据库是数据库管理系统,使用起来非常方便,而一般院校的实验环境也是 Windows 系列的操作系统。本章的重点不是数据库原理本身,而是如何通过 JDBC 连接访问数据库,所以为便于教学,这里以 Access 为例。

通过 Access 数据库,可以建立多个不同的数据库。这里建立一个名为 school 的数据库,其操作步骤如下。

单击"开始"→"所有程序"→"Microsoft Office"→"Microsoft Office Access",打开"Microsift Access"窗口,单击"文件"→"新建"菜单命令,出现如图 11.5 所示的界面。

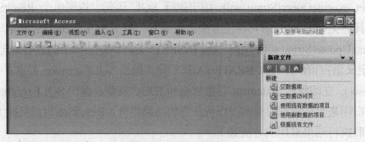

图 11.5　Access 初始界面

单击右侧的"空数据库"标签,出现如图 11.6 所示的界面,指定保存路径和数据库文件名,这里起名为"studentbase",后缀为.mdb。

图 11.6　创建数据库

随后,打开刚才创建的数据库,出现如图 11.7 所示的创建表的界面,双击"使用设计器创建表"的标签,出现表格设计,接着给表中加入相应数据,并选择数据类型,保存之前还需确定主键,选中作为主键的字段,按鼠标右键选择即可。

如图 11.8 所示,给表中加入具体数据。

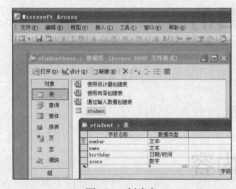

图 11.7　创建表

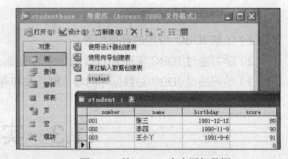

图 11.8　给 student 表中添加数据

2. 连接数据库的 ODBC 数据源

ODBC 是开放式数据库互连(**Open Database Connectivity**)的缩写,是微软公司开放服务结构(Windows Open Services Architecture,WOSA)中有关数据库的一个组成部分。一个基于 ODBC 的应用程序对数据库的操作不依赖任何 DBMS,不直接与 DBMS 打交道,所有的数据库操作由对应的 DBMS 的 ODBC 驱动程序完成。也就是说,不论是 FoxPro、Access 还是 Oracle 数据库,均可用 ODBC API 进行访问。由此可见,ODBC 的最大优点是能以统一的方式处理所有的数据库。

通过 **ODBC** 访问数据库有 4 个组成部分。

- 应用程序(Application,你的程序);
- ODBC 管理器(ODBC Manager);

- ODBC 驱动程序（ODBC Drivers）；
- 数据源（Data Sources，连接的是数据库）。

访问数据库的模式：

你的程序→ ODBC 管理器→ ODBC 驱动程序→数据库

ODBC 的设置步骤如下。

（1）在 Windows XP 中选择"开始"→"管理工具"→"ODBC"数据源，然后单击"用户 DSN"或"系统 DSN"标签。在这里可以选择一个已经存在的数据源对它进行修改，或者添加一个新的数据源。这里选择添加，如图 11.9 所示。

（2）接下来，系统会提示选择驱动程序，采用 Microsoft Access Driver，也可以根据具体的条件选择，如图 11.10 所示。

（3）创建一个数据源，如图 11.11 所示。

图 11.9　ODBC 数据源管理器

图 11.10　选择数据库驱动程序

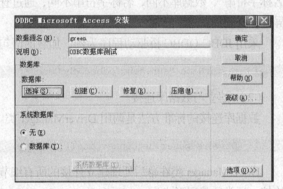

图 11.11　创建数据源

在数据源名后边的文本框中填写一个数据源的名字，这里指定为"green"，可以定义自己喜欢的名字，说明处是可选的。然后单击"选择"按钮，选择在刚才 Access 中创建的数据库 studentbase.mdb，如图 11.12 和图 11.13 所示。

图 11.12　选择数据库文件

图 11.13　选择数据库

单击"确定"按钮后，ODBC 数据源就创建好了，同时数据源和数据库连接了起来。

实验 2　运用 JDBC 操作数据库

【实验指导】

以 JDBC-ODBC 桥接器连接方式为例，在进行 JDBC 数据库连接之前，先要配置 ODBC 数据源。在配好 ODBC 数据源之后，就可以开始使用 JDBC-ODBC 驱动连接和访问数据库了。一般的操作步骤如下。

（1）装载驱动程序。

装载驱动程序只需要非常简单的一行代码：

```
Class.forName(驱动程序名称字符串);
```

这里的 Class 类位于 java.lang 包中，forName()方法属于 Class 类中的静态方法，参数是"驱动程序名称字符串"，数据库不同，名称字符串不同，通过查阅得知，不可主观臆造。建立桥接器时可能发生异常，必须捕获这个异常。

采用 JDBC-ODBC 桥驱动程序为例，加载的语句为：

```
Class.forName("sun.jdbc.odbc.JdbcOdbcDriver");
```

（2）建立与数据库连接。

数据库连接的标准方法是调用 DriverManager 类中的方法 getConnection()，形式为：

```
    DriverManager.getConnection()
```

DriverManager 类在幕后处理建立连接的所有细节。Connection 接口用于建立应用程序与数据库的连接，通常的代码形式为：

```
Connection  con=null;   //声明连接对象
con=DriverManager.getConnection(数据库连接字符串);
   //创建 con 对象
```

数据库连接字符串的形式："jdbc:数据库厂商(驱动程序)名称: 数据源名字"，用户名，密码

注意　　连接数据库代码不会直接出现数据库的名称，只能出现数据源的名字，数据源连接的是具体某个数据库。

（3）读取表，查询数据。

连接数据库之后，通过 SQL 命令访问数据库中的数据表，此时就要用到 Statement 接口的实例化对象，封装、执行 SQL 指令。Statement 接口的实例化不要尝试使用任何方法手工创建创建，虽然在特定驱动程序下是可行的，但这会严重损害程序在不同数据库之间的可移植性。通常使用 Connection 接口中实例化后的方法 createStatement()方法来得到一个 Statement 的引用实例 stmt：

```
Statement stmt=con.createStatement();
```

其中的 createStatement()方法返回的是 Statement 接口的实例，所以它的内部方法就可以被使用了。

紧接着，是对数据的查询，以 student 表为例：

```
ResultSet result=stmt.executeQuery("SELECT * FROM student");
```

其中，executeQuery()返回的是 ResultSet 接口的实例对象。executeQuery()方法只接收 SQL 的 SELECT 语句，而使用 executeUpdate()方法用于 INSERT、UPDATE 或 DELETE 等 SQL 语句。

查询结果保存在 ResultSet 接口的实例化对象中，ResultSet 方法提供了一系列形如 getXXX( )的读取数据的方法，XXX 表示字段的数据类型。

（4）通过 close 方法关闭数据库连接。

【实验任务】

根据提示，补充程序，并最后进行测试。

```java
public class JDBCDemo {
    public static void main(String[] args) {
        String driverClass = "sun.jdbc.odbc.JdbcOdbcDriver";
        String url = "jdbc:odbc:javadb";
        String[] columnNames = new String[]{"studentno", "lastname", "firstname", "gender", "birthday"};
        String[] displayNames = new String[]{"学号", "姓", "名", "性别", "生日"};
        try {
        (1) 加载驱动程序
            } catch (ClassNotFoundException e) {
            //驱动程序加载不成功，打印错误信息并退出
            System.out.println("Can not find driver " + driverClass);
            System.exit(-1);
        }
        Connection con;
    try {
        (2) 建立 JDBC 连接

        (3) 创建 Statement 对象

        (4) 得到查询结果集
        //打印表头
        for (int i = 0; i < displayNames.length; i++) {
            System.out.print(displayNames[i] + "\t");
        }
        System.out.println();
        //打印结果集
        while (rs.next()) {
            for (int i = 0; i < columnNames.length; i++) {
                System.out.print(rs.getString(columnNames[i]) + "\t");
            }
            System.out.println();
        }
        stmt.close();
    } catch (SQLException sqe) {
        sqe.printStackTrace();
        } finally {

        try {
        (5) 关闭数据库连接
            } catch (Exception e) {

        }
        }
    }
}
```

第 12 章 综合设计

实验 1 UML 分析和模块化实现猜数字游戏

猜数字游戏的 UML 类图及类图之间的关系如图 12.1 所示。请大家首先分析图中类和类之间的关系，接口和类之间的关系；然后分模块编程实现猜数字游戏。

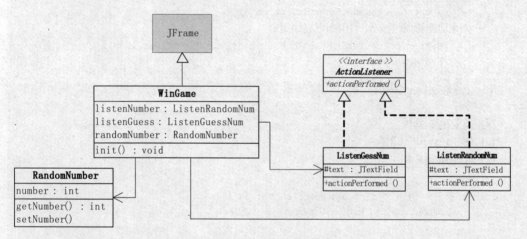

图 12.1 猜数字游戏 UML 图

程序运行结果界面如图 12.2 所示。

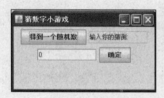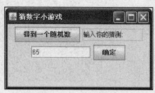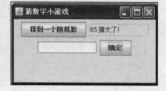

图 12.2 猜数字界面

程序分模块实现：

（1）主类 ExampleGame.java：

```
public class ExampleGame{
  public static void main(String args[]){
    WinGame winGame=new WinGame();
    winGame.setTitle("猜数字小游戏");
```

```
        }
  }
```

（2）WinGame.java：

```java
import java.awt.*;
import java.awt.event.*;
import javax.swing.*;
public class WinGame extends JFrame{
   RandomNumber randomNumber;
   JTextField inputGuess;
   JTextField hintText;
   JButton getNumber,enterGuess;
   ListenRandomNum listenNumber;
   ListenGuessNum listenGuess;
   public WinGame(){
      init();
      setBounds(100,100,280,150);
      setVisible(true);
      setDefaultCloseOperation(JFrame.EXIT_ON_CLOSE);
   }
   void init(){
      setLayout(new FlowLayout());
      getNumber=new JButton("得到一个随机数");
      add(getNumber);
      randomNumber=new RandomNumber();
      hintText=new JTextField("输入你的猜测:",10);
      hintText.setEditable(false);
      inputGuess=new JTextField("0",10);
      add(hintText);
      add(inputGuess);
      enterGuess=new JButton("确定");
      add(enterGuess);
      listenNumber=new ListenRandomNum();
      listenGuess=new ListenGuessNum();
      getNumber.addActionListener(listenNumber);
      enterGuess.addActionListener(listenGuess);
      listenNumber.setRandomNumber(randomNumber);
      listenNumber.setHintJTextField(hintText);
      listenNumber.setInputJTextField(inputGuess);
      listenGuess.setRandomNumber(randomNumber);
      listenGuess.setHintJTextField(hintText);
      listenGuess.setInputJTextField(inputGuess);
   }
}
```

（3）RandomNumber.java：

```java
    public class RandomNumber{
       int number;
       public void setNumber(int n){
          number=n;
       }
   public int getNumber(){
    return number;
    }
```

        }

（4）ListenRandomNum.java：

```java
import java.awt.event.*;
import javax.swing.*;
public class ListenRandomNum implements ActionListener{
    RandomNumber randomNumber;
    JTextField inputGuess;
    JTextField hintText;
    public void setRandomNumber(RandomNumber randomNumber){
        this.randomNumber=randomNumber;
    }
    public void setHintJTextField(JTextField t){
        hintText=t;
    }
    public void setInputJTextField(JTextField t){
        inputGuess=t;
    }
    public void actionPerformed(ActionEvent e){
        int n=(int)(Math.random()*100)+1;
        randomNumber.setNumber(n);
        hintText.setText("输入你的猜测:");
        inputGuess.setText(null);
    }
}
```

（5）ListenGuessNum.java：

```java
import java.awt.event.*;
import javax.swing.*;
public class ListenGuessNum implements ActionListener{
    RandomNumber randomNumber;
    JTextField inputGuess;
    JTextField hintText;
    public void setRandomNumber(RandomNumber randomNumber){
        this.randomNumber=randomNumber;
    }
    public void setHintJTextField(JTextField t){
        hintText=t;
    }
    public void setInputJTextField(JTextField t){
        inputGuess=t;
    }
    public void actionPerformed(ActionEvent e){
        int guess=0;
        try{ guess=Integer.parseInt(inputGuess.getText());
            if(guess==randomNumber.getNumber())
                hintText.setText(guess+":猜对了!");
            else if(guess>randomNumber.getNumber())
                hintText.setText(guess+":猜大了!");
            else if(guess<randomNumber.getNumber())
                hintText.setText(guess+":猜小了!");
            inputGuess.setText(null);
        }
```

```
            catch(NumberFormatException event){  hintText.setText("请输入数字字符");}
        }
}
```

思考题: 请大家描述这 5 个类之间的关系。通过测试,你体会到的分模块编写的好处是什么?

实验 2　　UML 设计

1. 问题描述

John 是一名面向对象(OO)程序员,他为一家公司开发一款模拟鸭子的游戏,游戏中有各种鸭子,游泳戏水、嘎嘎叫。

这个游戏要求使用标准的面向对象技术开发。因为游戏中有各种鸭子,所以可以先抽象一个 Duck 基类。在 Duck 基类中设计公共的可供子类继承的嘎嘎叫的方法 quack()和游泳戏水的方法 swim()。子类包括 MallarDuck(野鸭)、RedheadDuck(红头鸭)、RubberDuck(橡皮鸭子)等。

那么,如何使用面向对象的设计原则和设计模式,设计基于鸭子的灵活、易维护的面向对象的模型呢? 我们先从基础的 UML 类图开始学习。

2. 模式探究与实现

此案例如果不加仔细分析,直接采用继承的方式,将会带来子类扩展和维护的问题。这里使用策略模式来完成基于鸭子的设计模型。

最初的设计方案和核心类图如图 12.3 所示。

现在需要增加让鸭子飞的功能,改进后的系统类图如图 12.4 所示,在基类 Duck 中增加了 fly 方法。

但是,在这样的设计中,会出现这样一种乱象:就连橡皮鸭子(RubberDuck)也会飞了,因为基类中的 fly 方法导致所有的子类都会飞。这就违反了该系统"真实模拟各种鸭子"的原则,而且也说明对代码局部的修改,影响的层面并不是局部的。那么,怎么办呢?

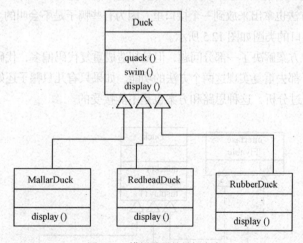

图 12.3　模拟鸭子的最初方案

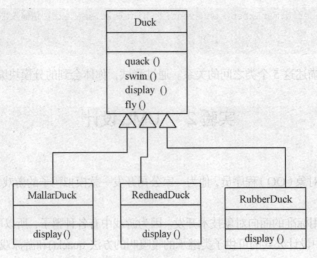

图 12.4　增加 fly 方法后的类图

解决方法一：

在 RubberDuck 类里把 fly 方法重写一下。让 RubberDuck 类的 fly 方法什么也不做，作为空方法，即让橡皮鸭子不能飞。这样的话，如果以后再增加一个木头鸭子呢？它不会飞也不会叫，那不是要再重写 quack 和 fly 方法吗？如果以后再增加其他特殊的鸭子都要重写 fly 或 quack 方法，这样的设计显然缺乏灵活性、不易扩展，是不恰当的。

显然，这里使用继承不是很好的复用方式，而且公司要应对市场竞争，董事会可能还要求每 6 个月升级一次系统，所以未来的变化将会很频繁，而且还不可预知。这样看来，依靠逐个重写类中的 quack 或 fly 方法来应对变化，是不行的。

解决方法二：

那么，使用接口会怎么样？可以把 fly 方法放到接口里，只有那些会飞的鸭子才需要实现这个接口。当然，最好把 quack 方法也拿出来放到一个接口里，因为有些鸭子是不会叫的。这里先不考虑 quack 方法。修改后的基于接口的类图如图 12.5 所示。

观察图 12.5，这种方案解决了一部分问题，但是却造成重复代码偏多，代码无法复用。所有需要 quack 和 fly 方法的鸭子都去重复实现这两个方法的功能。如果只有几只鸭子还好说，但如果有几十、上百只鸭子怎么办？经过分析，这种思路和方案也是不能接受的。

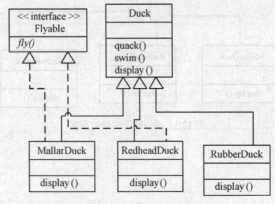

图 12.5　修改后的基于接口的类图

解决方法三：

我们知道，并不是所有的鸭子都会飞、会叫，所以继承不是正确的方法。虽然方法二使用 Flyable 接口，可以解决部分问题（不再有会飞的橡皮鸭子），但是这个解决方案却彻底破坏了复用，它带来了另一个维护的问题。而且还有一个问题前面没有提到，就是不可能所有鸭子的飞行方式、叫声等行为都是一模一样的。

现在，John 面对的问题是，鸭子的行为在子类里持续不断地改变，因此，让所有的子类都拥有基类的行为是不适当的，而使用上面提到的接口的方式，又破坏了代码复用。现在就需要用到前面讲到的"发现变化，封装变化"原则。

换句话说也就是："找到变化并且把它封装起来，稍后就可以在不影响其他部分的情况下修改或扩展被封装的变化部分。"这样，系统会变得有弹性、能应付变化。尽管这个概念很简单，但是它几乎是所有设计模式的基础，所有模式都提供了使系统里变化的部分独立于其他部分的方法。

有了这样一条设计原则，那么 John 的问题怎样解决呢？就鸭子的问题来说，变化的部分就是子类里的行为，所以要把这部分行为封装起来。

从目前的情况看，fly 和 quack 行为总是不确定的，而 swim 行为是很稳定的，其行为是可以使用继承来实现代码重用的。所以，我们需要做的就是，把 fly 和 quack 行为从 Duck 基类里隔离出来。这需要创建两组不同的行为，一组表示 fly 行为，另一组表示 quack 行为。为什么是两组而不是两个呢？因为对于不同的子类来说，fly 和 quack 的表现形式都是不一样的，有的鸭子嘎嘎叫，有的却呷呷叫。那么，如果可以这样，更进一步地，为什么不可以动态地改变一个鸭子的行为呢？回答这个问题，先要看一下另一个设计原则：Program to an interface, not an implementation.（面向接口编程，而不要面向实现编程。）

这里说的接口是一个抽象的概念，不局限于语言层面的接口，如 Java 中的 interface。一个接口也可以是一个抽象类，或者一个基类。要点在于，在面向接口编程时，可以使用多态。

根据面向接口编程的设计原则，应该用接口来隔离鸭子问题中变化的部分，也就是鸭子的不稳定的行为（fly、quack）。这里，要用一个 FlyBehavior 接口表示鸭子的飞行行为，这个接口可以有多种不同的实现方式，可以"横"着飞，也可以"竖"着飞。这样做的好处是，将鸭子的行为实现在一组独立的类里，基类 Duck 只依赖 FlyBehavior 接口，不需要知道 FlyBehavior 是如何实现的。行为的每个实现都将实现其中的一个接口。如图 12.6 所示，FlyBehavior 和 QuackBehavior 接口都有不同的实现方式。方法前边的小图标表示方法的可见性，这里表示为公有 public。

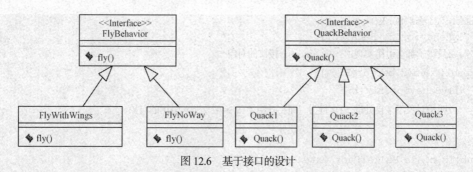

图 12.6 基于接口的设计

设计思路定下来之后，还要按以下步骤操作。

第一步：给 Duck 类增加两个接口类型的实例变量，分别是 flyBehavior 和 quackBehavior，它们其实就是新的设计中的"飞行"和"叫唤"行为。每个鸭子对象都会使用各种方式来设置这些变量，以引用它们期望的运行时的特殊行为类型（横着飞、嘎嘎叫等）。

第二步：把 fly 和 quack 方法从 Duck 类里移除，把这些行为移到 FlyBehavior 和 QuackBehavior 接口里。

第三步：考虑什么时候初始化 flyBehavior 和 quackBehavior 实例变量。最简单的办法就是在 Duck 类初始化的时候同时初始化它们。更好的办法就是提供两个可以动态设置变量值的方法 SetFlyBehavior 和 SetQuackBehavior，就可以在运行时动态改变鸭子的行为了。

完整的模拟鸭子的类图如图 12.7 所示。

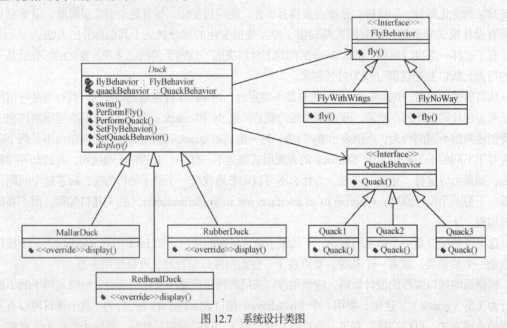

图 12.7　系统设计类图

注：override 表示复用、重写。变量和方法前边的小图标表示可见性。Duck 类图中的属性是两个实例变量，即接口 FlyBehavior 和 QuackBehavior 类型的变量，可见性为默认包的可见性。

3. 代码实现框架

```
public class Duck{
  FlyBehavior flyBehavior;
  //每只鸭子都会引用实现FlyBehavior接口的对象
  public void performFly(){
    flyBehavior.fly();
    //鸭子对象不亲自处理fly行为，而委托给flyBehavior引用的对象
  }
}
public class MallarDuck extends Duck{
  public MallarDuck(){
    flyBehavior=new FlyWithWings();
    /*当performFly()被调用时，fly的职责被委托给flyBehavior对象，使用FlyWithWings作为
    FlyBehavior类型*/
    …
```

```
    }
  }
```

其他代码请大家完成。

实验3 网络通信

聊天通信应用程序服务器代码执行的效果如图12.8所示，客户端通信的界面如图12.9所示。

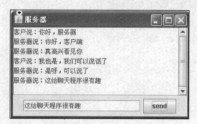

图12.8 服务器端界面

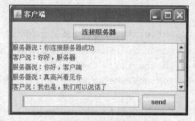

图12.9 客户机端界面

应用程序代码分为服务器端代码和客户机端代码。注意，左边的数字为代码行号，行号不是程序本身内容。服务器端代码要先启动，即在客户端之前先编译、运行。端口号使用大于1024还未被其他应用程序使用的十进制数，0~1023是系统保留的通用服务端口。通信的核心代码是数据流的输入和输出，这里暂不详述。我们先来浏览代码。

第一部分：服务器端代码

```
1  import java.net.*;
2  import java.io.*;
3  import java.awt.*;
4  import java.awt.event.*;
5  import javax.swing.*;
6  class Server extends JFrame implements ActionListener{
7    ServerSocket serverSock;  //声明ServerSocket类的对象
8    Socket sock;              //负责通信的Socket类的对象
9    JTextArea t1=new JTextArea( );
10   JTextField t2=new JTextField(20);
11   JButton b1=new JButton("send");
12   DataOutputStream out;   //声明数据输出流
13   DataInputStream in;     //声明数据输入流
14   String cname=null;      //初始化字符串变量cname为空值null
15   public Server(){
16     try{
17       serverSock=new ServerSocket(6000);
//创建serverSock对象在指定端口6000监听客户端发来的连接请求
18     }catch(IOException e){
19       JOptionPane.showMessageDialog(null,"服务器启动失败! ");
20       return;
21     }
22     JScrollPane jsp=new JScrollPane(t1);
23     this.getContentPane( ).add(jsp,"Center");
24     JPanel p1=new JPanel( );
25     p1.add(t2);
26     p1.add(b1);
```

```
27    this.getContentPane().add(p1,"South");
28    b1.addActionListener(this);
29    setTitle("服务器");
30    setSize(340,200);
31    setVisible(true);
32    try{
33     sock=serverSock.accept();    //accept()方法返回的类型是Socket类型
34     out=new DataOutputStream(sock.getOutputStream());
35     /*由Socket类的getOutputStream()方法得到输出流,处理流DataOutputStream对象out和输出流
相连,处理流负责将各种类型数据转变成字节类型,并通过Socket发向客户端*/
36    in=new DataInputStream(sock.getInputStream());
37    out.writeUTF("你连接服务器成功");   //向输出流连接的客户端写字符串
38    Communion th=new Communion(this);
39    th.start();
40    }catch(Exception e){}
41
42    addWindowListener(new WindowAdapter(){
43     public void windowClosing(WindowEvent e){
44       try{
45        out.writeUTF("bye");    //退出时告诉客户端
46       }catch(Exception ee){ }
47       dispose();
48       System.exit(0);
49      }
50     });
51    }
52    public void actionPerformed(ActionEvent e){
53     if(!t2.getText().equals(" ")){    // getText()读取文本框中字符串
54      try{
55        out.writeUTF(t2.getText());   //向客户端输出流写字符串信息
56        t1.append("服务器说:"+t2.getText()+"\n");
57       }catch(Exception ee){ }
58      }
59     }
60
61     public static void main(String args[]){
62         Server mainFrame=new Server();
63      }
64   }
65   class Communion extends Thread{
66         Server fp;
67         Communion(Server fp){
68          this.fp=fp;
69         }
70       public void run(){
71          String msg=null;
72          while(true){   //虽为true死循环,但不会连续执行
73           try{
74               msg=fp.in.readUTF();   //读取客户端发来的输入流中的字符串

75            if(msg.equals("bye")){
76                fp.t1.append("客户已经退出\n");
77                break;
```

```
78           }
79           fp.t1.append("客户说："+msg+"\n");    //给服务器端的文本区域t1添加内容
80        }catch(Exception ee){break;}
81     }
82     try{
83        fp.out.close();         //关闭输出流
84        fp.in.close();          //关闭输入流
85        fp.sock.close();        //关闭 Socket 连接
86        fp.serverSock.close();  //关闭 ServerSocket 所占资源
87     }catch(Exception ee){ }
88   }
89 }
```

第二部分：客户端代码

```
1  import java.net.*;
2  import java.io.*;
3  import java.awt.*;
4  import java.awt.event.*;
5  import javax.swing.*;
6  class Client extends JFrame implements ActionListener{
7    Socket sock;   //声明 Socket 对象
8    JTextArea t1=new JTextArea();
9    JTextField t2=new JTextField(20);
10   JButton b1=new JButton("send");
11   JButton b2=new JButton("连接服务器");
12   DataOutputStream out;
13   DataInputStream in;
14   public Client(){
15     JScrollPane jsp=new JScrollPane(t1);
16     this.getContentPane().add(jsp,"Center");
17     JPanel p1=new JPanel();
18     p1.add(t2);
19     p1.add(b1);
20     JPanel p2=new JPanel();
21     p2.add(b2);
22     this.getContentPane().add(p2,"North");
23     this.getContentPane().add(p1,"South");
24     b1.addActionListener(this);   //监听事件源
25     b2.addActionListener(this);
26     setTitle("客户端");
27     setSize(340,200);
28     setVisible(true);
29     addWindowListener(new WindowAdapter(){
30       public void windowClosing(WindowEvent e){
31         try{
32           out.writeUTF("bye");    //离开时告诉服务器
33         }catch(Exception ee){ }
34         dispose();
35         System.exit(0);
36       }
37     });
38   }
```

```java
39    public void actionPerformed(ActionEvent e){      //按钮事件处理
40      if(e.getSource()==b1){
41        if(!t2.getText().equals(" ")){
42        try{
43          out.writeUTF(t2.getText());     //向输出流 out 连接的服务器发送信息
44          t1.append("客户说: "+t2.getText()+"\n");
45         }catch(Exception ee){ }
46         }
47       }
48      else{
49        try{
50          sock=new Socket("127.0.0.1",6000);   //建立与服务器连接的套接字
51          OutputStream os=sock.getOutputStream();
            //由 Socket 类的方法 getOutputStream()获得输出流 os, os 和 Socket 相连
52          out=new DataOutputStream(os);
            // 发往服务器的数据输出流 out 和 os 相连
53          InputStream is=sock.getInputStream( );  //根据套接字获得输入流
54          in=new DataInputStream(is);   /*根据输入流 is 建立数据处理输入流 in, in 和 is 相连,将 is
流中的字节数据变换为可供屏幕输出的数据类型*/
55          Communion2 th=new Communion2(this);   //创建线程对象
56          th.start();
57        }catch(IOException ee){
58          JOptionPane.showMessageDialog(null,"连接服务器失败");
59          return;
60         }
61        }
62      }
63
64      public static void main(String args[]){
65          Client mainFrame=new Client();
66      }
67  }
68  class Communion2 extends Thread{
69        Client fp;
70        Communion2(Client fp){
71          this.fp=fp;
72        }
73       public void run(){
74          String msg=null;
75          while(true){
76            try{
77              msg=fp.in.readUTF();      //从输入流中读取字符串
78              if(msg.equals("bye")){    //如果客户退出
79                 fp.t1.append("服务器已经停止\n");
80                 break;
81               }
82        fp.t1.append("服务器说: "+msg+"\n");
83       }catch(Exception ee){break;}
84  }
85  try{
86    fp.out.close();  //关闭 Socket 输出流
```

```
87    fp.in.close();     //关闭Socket输入流
88    fp.sock.close(); //关闭Socket
89  }catch(Exception ee){ }
90  }
91}
```

思考题：Socket通信模型是如何建立的？用到了哪些输入、输出流类？

实验4 四则运算和日期计算

计算器可以带括号进行四则运算，乘号在括号外可以省略。模式分别为普通型和日期计算。运行的计算器的结果如图12.10 所示。

日期计算的界面如图12.11 所示。

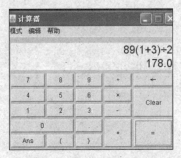

图 12.10 计算器测试界面

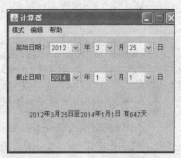

图 12.11 日期计算界面

"四则运算和日期计算"参考源代码：

```
1  import java.awt.*;
2  import java.awt.event.*;
3  import java.awt.datatransfer.Clipboard;
4  import java.awt.datatransfer.StringSelection;
5  import java.util.*;
6
7  class Calculator
8  {
9    public static void main (String[] args)
10   {
11       new Win();
12   }
13 }
14
15 class Win
16 {
17   Frame frm = new Frame("计算器");
18
19   Pan1 pan1 = new Pan1();
20   Pan2 pan2 = new Pan2();
21   Pan3 pan3 = new Pan3();
22   Dimension screenSize = Toolkit.getDefaultToolkit().getScreenSize();
23       Dimension frameSize;
24
```

```
25      MenuBar mb = new MenuBar();
26      Menu m1 = new Menu("模式");
27      Menu m2 = new Menu("编辑");
28      Menu m3 = new Menu("帮助");
29      MenuItem mi1 = new MenuItem("普通型",new MenuShortcut(KeyEvent.VK_1));
30      //MenuItem mi2 = new MenuItem("科学型",new MenuShortcut(KeyEvent.VK_2));
31      MenuItem mi3 = new MenuItem("日期计算",new MenuShortcut(KeyEvent.VK_3));
32      MenuItem mi4 = new MenuItem("复制计算结果",new MenuShortcut(KeyEvent.VK_C));
33      //MenuItem mi5 = new MenuItem("关于计算器",new MenuShortcut(KeyEvent.VK_G));
34      MenuItem mi6 = new MenuItem("退出",new MenuShortcut(KeyEvent.VK_Q));
35
36      int show=1;
37
38      public Win()
39      {
40          frm.setLayout(null);
41          frm.setSize(330,265);
42          frameSize = frm.getPreferredSize();
43          frm.setLocation((screenSize.width-frameSize.width)/2,
(screenSize.height-frameSize.height)/ 2);
44          frm.setResizable(false);
45          frm.setMenuBar(mb);
46          frm.setBackground(new Color(196,208,230));
47          mb.add(m1);
48          mb.add(m2);
49          mb.add(m3);
50          m1.add(mi1);mi1.addActionListener(new MyActionListener());
51          //m1.add(mi2);mi2.addActionListener(new MyActionListener());
52          m1.add(mi3);mi3.addActionListener(new MyActionListener());
53          m2.add(mi4);mi4.addActionListener(new MyActionListener());
54          //m3.add(mi5);mi5.addActionListener(new MyActionListener());
55          m3.addSeparator();
56          m3.add(mi6);mi6.addActionListener(new MyActionListener());
57          pan1.setSize(320,200);
58          pan1.setLocation(5,55);
59          pan2.setSize(320,200);
60          pan2.setLocation(5,55);
61          pan3.setSize(320,200);
62          pan3.setLocation(5,55);
63
64          frm.add(pan1);
65          frm.add(pan2);
66          frm.add(pan3);
67          pan2.setVisible(false);
68          pan3.setVisible(false);
69          frm.addWindowListener(
70              new WindowAdapter()
71              {
72                  public void windowClosing(WindowEvent e)
73                  {
74                      frm.dispose();
75                      System.exit(0);
76                  }
```

```
77              });
78          frm.setVisible(true);
79      }
80
81  class MyActionListener  implements ActionListener
82  {
83      public void actionPerformed(ActionEvent e)
84      {
85          MenuItem mi = (MenuItem)e.getSource();
86          if (mi==mi1)
87          {
88              pan1.setVisible(true);
89              pan2.setVisible(false);
90              pan3.setVisible(false);
91              mi4.setEnabled(true);
92          }
93          /*if (mi==mi2)
94          {
95              pan1.setVisible(false);
96              pan2.setVisible(true);
97              pan3.setVisible(false);
98              mi4.setEnabled(false);
99          }*/
100         if (mi==mi3)
101         {
102             pan1.setVisible(false);
103             pan2.setVisible(false);
104             pan3.setVisible(true);
105             mi4.setEnabled(false);
106         }
107         if (mi==mi4)
108         {
109             switch (show)
110             {
111                 case 1:setClipbordContents(pan1.lab1.getText());break;
112             }
113
114         }
115         if (mi==mi6)
116         {
117             frm.dispose();
118             System.exit(0);
119         }
120     }
121     public void setClipbordContents(String contents)
122     {
123         StringSelection stringSelection = new StringSelection( contents );
124         Clipboard  clipboard = Toolkit.getDefaultToolkit().getSystemClipboard();
125         clipboard.setContents(stringSelection, null);
126     }
127 }
128
129 }
130 class Pan1  extends Panel
131 {
132 Label lab1 = new Label("0.",Label.RIGHT);
```

```java
133     Label lab2 = new Label("",Label.RIGHT);
134     String str = "";
135     Cal cal;
136     But_Num B = new But_Num();
137     public Pan1()
138     {
139         lab1.setSize(310,25);
140         lab1.setLocation(5,30);
141         lab1.setBackground(new Color(255,255,255));
142         lab1.setFont(new Font("",Font.PLAIN,20));
143         lab2.setSize(310,25);
144         lab2.setLocation(5,5);
145         lab2.setBackground(new Color(255,255,255));
146         lab2.setFont(new Font("",Font.PLAIN,20));
147         this.setLayout(null);
148         this.add(lab1);
149         this.add(lab2);
150         this.add(B);
151         B.setSize(310,140);
152         B.setLocation(5,60);
153 }
154 class But_Num extends Panel implements ActionListener
155 {
156     Button[] b = new Button[21];
157     GridBagConstraints c = new GridBagConstraints();
158     double Ans;
159     boolean flag = true;
160
161     public But_Num()
162     {
163         this.setLayout(new GridBagLayout());
164         c.insets = new Insets(2,2,2,2);
165         c.ipadx=30;
166         c.ipady=1;
167         c.fill=GridBagConstraints.BOTH;
168         Ans = 0;
169
170         addButton(7,"7",0,0,1,1,this);
171         addButton(8,"8",1,0,1,1,this);
172         addButton(9,"9",2,0,1,1,this);
173         addButton(14,"÷",3,0,1,1,this);
174         addButton(19,"←",4,0,1,1,this);
175         addButton(20,"Clear",4,1,1,2,this);
176         addButton(4,"4",0,1,1,1,this);
177         addButton(5,"5",1,1,1,1,this);
178         addButton(6,"6",2,1,1,1,this);
179         addButton(13,"×",3,1,1,1,this);
180         addButton(1,"1",0,2,1,1,this);
181         addButton(2,"2",1,2,1,1,this);
182         addButton(3,"3",2,2,1,1,this);
183         addButton(12,"-",3,2,1,1,this);
184         addButton(0,"0",0,3,2,1,this);
185         addButton(10,".",2,3,1,1,this);
186         addButton(11,"+",3,3,1,2,this);
187         addButton(15,"=",4,3,1,2,this);
```

```
188             addButton(18,"Ans",0,4,1,1,this);b[18].setEnabled(false);
189             addButton(16,"(",1,4,1,1,this);
190             addButton(17,")",2,4,1,1,this);
191             readly();
192         }
193         public void readly()
194         {
195             if (lab2.getText().equals(""))
196             {
197                 b[15].setEnabled(false);
198             }else{
199                 b[15].setEnabled(true);
200             }
201         }
202     public void addButton(int n,String label,int row,int column,int with,int height,ActionListener listener)
203         {
204             b[n] = new Button(label);
205             c.gridx=row;
206             c.gridy=column;
207             c.gridwidth=with;
208             c.gridheight=height;
209             add(b[n],c);
210             b[n].addActionListener(listener);
211         }
212     public void actionPerformed(ActionEvent e)
213         {
214             Button but = (Button)e.getSource();
215             if (but==b[19]||but==b[20])
216             {
217                 if (but==b[19])
218                 {
219                     try{
220                         if (str.length()<3)
221                         {
222                             str = str.substring(0,str.length()-1);
223                         }else{
224                             if (str.substring(str.length()-3,str.length()).equals("Ans"))
225                             {
226                                 str = str.substring(0,str.length()-3);
227                             }else{
228                                 str = str.substring(0,str.length()-1);
229                             }
230                         }
231
232                     }catch(StringIndexOutOfBoundsException ex){}
233                     readly();
234                 }
235                 if (but==b[20])
236                 {
237                     str = "";
238                     lab2.setText(str);
239                     lab1.setText("0.");
240                 }
241                 lab2.setText(str);
242             }else{
```

```java
243                    if (but==b[15])
244                    {
245                        cal = new Cal(str+="=",Ans);
246                        Ans = cal.deal();
247                        lab1.setText(Double.toString(Ans));
248                        b[18].setEnabled(true);
249                        flag = true;
250                    }else{
251                        try{
252                            if (flag)
253                            {
254                                str = "";
255                                lab2.setText(str);
256                            }
257                        }catch(StringIndexOutOfBoundsException a){}
258                        str += but.getLabel();
259                        lab2.setText(str);
260                        flag = false;
261                    }
262                }
263            readly();
264        }
265 }
266 }
267 class Zhan
268 {
269     double[] num = new double[100];
270     char[] sign = new char[100];
271     int n_top,s_top;
272     public void n_fst()
273     {
274         n_top = -1;
275     }
276     public void s_fst()
277     {
278         s_top = -1;
279     }
280     public double[] getnum()
281     {
282         return num;
283     }
284     public char[] getsign()
285     {
286         return sign;
287     }
288     public void push (double x)
289     {
290         if (n_top<num.length-1)
291         {
292             num[++n_top] = x;
293         }
294     }
295     public void push (char x)
296     {
297         if (s_top<sign.length-1)
298         {
```

```
299             sign[++s_top] = x;
300         }
301 }
302 public double n_pop()
303 {
304     double t = 0;
305     if (n_top>-1)
306     {
307         t = num[n_top--];
308     }
309     return t;
310 }
311 public char s_pop()
312 {
313     char t = 0;
314     if (s_top>-1)
315     {
316         t = sign[s_top--];
317     }
318     return t;
319 }
320 public double n_gettop()
321 {
322     double t = 0;
323     if (n_top>-1)
324     {
325         t = num[n_top];
326     }
327     return t;
328 }
329 public char s_gettop()
330 {
331     char t = 0;
332     if (s_top>-1)
333     {
334         t = sign[s_top];
335     }
336     return t;
337 }
338 }
339
340 class Cal extends Zhan
341 {
342  String str;
343  String[] s = new String[100];
344  int point;
345  double Ans;
346  public Cal(String str,double Ans)
347 {
348     this.str = str;
349     this.Ans = Ans;
350     dividing();
351     check();
352 }
353 public void check()
354 {
```

```java
            char t,r='+',f='+';
            int i;

            for (i=0;i<=point;i++)
            {
                if (s[i].equals("Ans"))
                {
                    s[i] = Double.toString(Ans);
                }
                t = s[i].charAt(0);
                try{
                    r = s[i+1].charAt(0);
                }catch(NullPointerException ex){}
                try{
                    f = s[i+2].charAt(0);
                }catch(NullPointerException ex){}

                try{
                    if (t!='+'&&t!='-'&&t!='×'&&t!='÷'&&r=='(')
                    {
                        for (int j=point;j>=i+1;j--)
                        {
                            s[j+1] = s[j];
                        }
                        s[i+1] = "×";
                        point++;
                    }
                }catch(StringIndexOutOfBoundsException ex){}
                catch(NullPointerException ex){
                }
            }
        }

    public void dividing()
    {
        char ch;
        n_fst();
        s_fst();
        point = -1;
        do{
            for (int i=0;i<str.length();i++)
            {
                ch = str.charAt(i);
                if (ch=='+'||ch=='-'||ch=='×'||ch=='÷'||ch=='('||ch==')'||ch=='=')
                {
                    if (!str.substring(0,i).equals("")){s[++point] = str.substring(0,i);}
                    s[++point] = str.substring(i,i+1);
                    str = str.substring(i+1,str.length());
                    break;
                }else{
                    continue;
                }
            }
        }while(!str.equals(""));
    }
    public double calculate(double a,char s,double b)
```

```java
411 {
412     switch(s)
413     {
414         case '+':return (a+b);
415         case '-':return (a-b);
416         case '×':return (a*b);
417         case '÷':return (a/b);
418     }
419     return 0;
420 }
421
422 public double deal()
423 {
424     int i = 0;
425     double a,b;
426     String temp = s[i++];
427     push('=');
428     while(!temp.equals("=")||s_gettop()!='=')
429     {
430         try{
431             push(Double.parseDouble(temp));
432             temp = s[i++];
433         }catch(NumberFormatException e)
434         {
435             switch(compare (s_gettop(),temp.charAt(0)))
436             {
437                 case '<': push(temp.charAt(0));temp = s[i++];break;
438                 case '=': s_pop();temp = s[i++];break;
439                 case '>': {
440                             b = n_pop();
441                             a = n_pop();
442                             push(calculate(a,s_pop(),b));
443                         }break;
444             }
445         }
446     }
447     return n_pop();
448 }
449
450 public char compare (char ch1,char ch2)
451 {
452     switch (ch1)
453     {
454         case '+': {
455                     switch (ch2)
456                     {
457                         case '+':return '>';
458                         case '-':return '>';
459                         case '×':return '<';
460                         case '÷':return '<';
461                         case '(':return '<';
462                         case ')':return '>';
463                         case '=':return '>';
464                     }break;
465         }
466         case '-': {
```

```java
                switch (ch2)
                {
                    case '+':return '>';
                    case '-':return '>';
                    case '×':return '<';
                    case '÷':return '<';
                    case '(':return '<';
                    case ')':return '>';
                    case '=':return '>';
                }break;
            }
        case '×': {
                switch (ch2)
                {
                    case '+':return '>';
                    case '-':return '>';
                    case '×':return '>';
                    case '÷':return '>';
                    case '(':return '<';
                    case ')':return '>';
                    case '=':return '>';
                }break;
            }
        case '÷': {
                switch (ch2)
                {
                    case '+':return '>';
                    case '-':return '>';
                    case '×':return '>';
                    case '÷':return '>';
                    case '(':return '<';
                    case ')':return '>';
                    case '=':return '>';
                }break;
            }
        case '(': {
                switch (ch2)
                {
                    case '+':return '<';
                    case '-':return '<';
                    case '×':return '<';
                    case '÷':return '<';
                    case '(':return '<';
                    case ')':return '=';
                    case '=':
                }break;
            }
        case ')': {
                switch (ch2)
                {
                    case '+':return '>';
                    case '-':return '>';
                    case '×':return '>';
                    case '÷':return '>';
                    case '(':
                    case ')':return '>';
```

```
523                             case '=':return '>';
524                         }break;
525                 }
526             case '=': {
527                         switch (ch2)
528                         {
529                             case '+':return '<';
530                             case '-':return '<';
531                             case '×':return '<';
532                             case '÷':return '<';
533                             case '(':return '<';
534                             case ')':
535                             case '=':return '=';
536                         }break;
537                 }
538         }
539      return '=';
540 }
541}
542
543class Pan2 extends Panel
544{
545  Label msg = new Label("正在开发中,敬请期待...");
546  public Pan2()
547  {
548      msg.setSize(200,20);
549      msg.setLocation(30,100);
550      this.setLayout(null);
551      this.add(msg);
552  }
553}
554
555class Pan3 extends Panel
556{
557  Choice cy1 = new Choice();
558  Choice cm1 = new Choice();
559  Choice cd1 = new Choice();
560  Choice cy2 = new Choice();
561  Choice cm2 = new Choice();
562  Choice cd2 = new Choice();
563  Label lab1 = new Label("起始日期: ");
564  Label lab2 = new Label("截止日期: ");
565  Label laby1 = new Label("年");
566  Label labm1 = new Label("月");
567  Label labd1 = new Label("日");
568  Label laby2 = new Label("年");
569  Label labm2 = new Label("月");
570  Label labd2 = new Label("日");
571  Label labend = new Label();
572  Days D = new Days();
573
574  Calendar calendar = Calendar.getInstance();
575  //Date date;
```

```java
int y1,m1,d1,y2,m2,d2;

public Pan3()
{
    this.setLayout(null);
    setObject(lab1,55,20,10,5);
    setObject(cy1,60,20,75,5);cy1.addItemListener(new MyItemListener1());
    setObject(laby1,15,20,140,5);
    setObject(cm1,40,20,160,5);cm1.addItemListener(new MyItemListener2());
    setObject(labm1,15,20,205,5);
    setObject(cd1,50,20,225,5);cd1.addItemListener(new MyItemListener3());
    setObject(labd1,15,20,280,5);
    setObject(labend,300,20,35,130);

    //date = new Date();
    //calendar.setTime(date);

    for (int i=1900;i<=2020;i++)
    {
        cy1.add(Integer.toString(i));
    }
    for (int i=1;i<=12;i++)
    {
        cm1.add(Integer.toString(i));
    }
    y1 = calendar.get(Calendar.YEAR);cy1.select(Integer.toString(y1));
    m1 = calendar.get(Calendar.MONTH);cm1.select(Integer.toString(m1));
    d1 = calendar.get(Calendar.DATE);
    y2 = calendar.get(Calendar.YEAR);cy2.select(Integer.toString(y1));
    m2 = calendar.get(Calendar.MONTH);cm2.select(Integer.toString(m1));
    d2 = calendar.get(Calendar.DATE);
    labend.setText(D.toString(y1,m1,d1,y2,m2,d2));
    setObject(lab2,55,20,10,60);
    setObject(cy2,60,20,75,60);cy2.addItemListener(new MyItemListener4());
    setObject(laby2,15,20,140,60);
    setObject(cm2,40,20,160,60);cm2.addItemListener(new MyItemListener5());
    setObject(labm2,15,20,205,60);
    setObject(cd2,50,20,225,60);cd2.addItemListener(new MyItemListener6());
    setObject(labd2,15,20,280,60);
    for (int i=y1;i<=2020;i++)
    {
        cy2.add(Integer.toString(i));
    }
    for (int i=m1;i<=12;i++)
    {
        cm2.add(Integer.toString(i));
    }



    checkday(cd1,y1,m1,1);
    cd1.select(Integer.toString(d1));
    checkday(cd2,y2,m2,d1);
    cd2.select(Integer.toString(d2));
```

```
632  }
633  public int checkyear(Choice c,int x,int y)
634  {
635      c.removeAll();
636      for (int i = x;i<=y;i++)
637      {
638          c.add(Integer.toString(i));
639      }
640      return Integer.parseInt(c.getSelectedItem());
641
642  }
643  public int checkmonth(Choice c,int x)
644  {
645      c.removeAll();
646      for (int i = x;i<=12;i++)
647      {
648          c.add(Integer.toString(i));
649      }
650      return Integer.parseInt(c.getSelectedItem());
651
652  }
653  public int checkday(Choice c,int y,int m,int x)
654  {
655      int year = y;
656      int month = m;
657      int day=0;
658      c.removeAll();
659      switch (month)
660      {
661          case 12: day=31;break;
662          case 11: day=30;break;
663          case 10: day=31;break;
664          case 9:  day=30;break;
665          case 8:  day=31;break;
666          case 7:  day=31;break;
667          case 6:  day=30;break;
668          case 5:  day=31;break;
669          case 4:  day=30;break;
670          case 3:  day=31;break;
671          case 2:  day=28;break;
672          case 1:  day=31;break;
673      }
674      if (month==2&&((year%4==0&&year%100!=0)||year%400==0)){day++;}
675      for (int i=x;i<=day;i++)
676      {
677          c.add(Integer.toString(i));
678      }
679      return Integer.parseInt(c.getSelectedItem());
680  }
681  public void setObject(Component c,int w,int h,int x,int y)
682  {
683      c.setSize(w,h);
684      c.setLocation(x,y);
685      this.add(c);
686  }
687
```

```java
688  class MyItemListener1  implements ItemListener
689  {
690      public void itemStateChanged(ItemEvent e)
691      {
692          int temp = y1;
693          y1 = Integer.parseInt(cy1.getSelectedItem());
694          y2 = checkyear(cy2,y1,2020);
695          m2 = checkmonth(cm2,m1);
696          d1 = checkday(cd1,y1,m1,1);
697          d2 = checkday(cd2,y2,m2,d1);
698          labend.setText(D.toString(y1,m1,d1,y2,m2,d2));
699      }
700  }
701  class MyItemListener2  implements ItemListener
702  {
703      public void itemStateChanged(ItemEvent e)
704      {
705          m1 = Integer.parseInt(cm1.getSelectedItem());
706          m2 = checkmonth(cm2,m1);
707          d1 = checkday(cd1,y1,m1,1);
708          d2 = checkday(cd2,y2,m2,d1);
709          labend.setText(D.toString(y1,m1,d1,y2,m2,d2));
710      }
711  }
712  class MyItemListener3  implements ItemListener
713  {
714      public void itemStateChanged(ItemEvent e)
715      {
716          d1 = Integer.parseInt(cd1.getSelectedItem());
717          d2 = checkday(cd2,y2,m2,d1);
718          labend.setText(D.toString(y1,m1,d1,y2,m2,d2));
719      }
720  }
721  class MyItemListener4  implements ItemListener
722  {
723      public void itemStateChanged(ItemEvent e)
724      {
725          y2 = Integer.parseInt(cy2.getSelectedItem());
726          if (y2>y1)
727          {
728              m2 = checkmonth(cm2,1);
729              d2 = checkday(cd2,y2,m2,1);
730          }else{
731              d2 = checkday(cd2,y2,m2,d1);
732          }
733          labend.setText(D.toString(y1,m1,d1,y2,m2,d2));
734      }
735  }
736  class MyItemListener5  implements ItemListener
737  {
738      public void itemStateChanged(ItemEvent e)
739      {
740          m2 = Integer.parseInt(cm2.getSelectedItem());
741          if (y2>y1||m2>m1)
742          {
743              d2 = checkday(cd2,y2,m2,1);
```

```
            }else{
                d2 = checkday(cd2,y2,m2,d1);
            }
            labend.setText(D.toString(y1,m1,d1,y2,m2,d2));
        }
}
class MyItemListener6 implements ItemListener
{
    public void itemStateChanged(ItemEvent e)
    {
        d2 = Integer.parseInt(cd2.getSelectedItem());
        labend.setText(D.toString(y1,m1,d1,y2,m2,d2));
    }
}
}

class Days
{
public String toString(int y1,int m1,int d1,int y2,int m2,int d2)
{
        int day = cal(y1, m1,d1,y2,m2,d2);
        return Integer.toString(y1)+"年"+Integer.toString(m1)+"月"+Integer.
    toString(d1)+
                "日至"+Integer.toString(y2)+"年"+Integer.toString(m2)+"月"+Integer.
            toString(d2)+"日 有"+Integer.toString(day)+"天";
}
private int cal(int y1,int m1,int d1,int y2,int m2,int d2)
{
    int DAY=cul(y2,m2,d2)-cul(y1,m1,d1);
    for (int i=y1;i<y2;i++)
    {
        if (yearAdd(i))
        {DAY+=366;}else{DAY+=365;}
    }
    return DAY;
}
private int cul(int y,int m,int d)
{
    int day=0;
    switch (m-1)
    {
        case 11: day+=30;
        case 10: day+=31;
        case 9:  day+=30;
        case 8:  day+=31;
        case 7:  day+=31;
        case 6:  day+=30;
        case 5:  day+=31;
        case 4:  day+=30;
        case 3:  day+=31;
        case 2:  day+=28;
        case 1:  day+=31;
    }
    if (m>2&&yearAdd(y))
    {
```

```
797            day+=1;
798        }
799    day+=d;
800    return day;
801 }
802 private boolean yearAdd(int y)
803 {
804    if ((y%4==0&&y%100!=0)||y%400==0)
805    {
806        return true;
807    }else{
808        return false;
809    }
810 }
811}
```

思考题：分析程序结构，请画出程序的 UML 结构图。

附 录
部分实验参考答案

第 2 章 Java 语言基础

实验 1 程序填空与测试分析

1. 利用直角三角形的两条直角边计算斜边长度。

参考答案：

【1】double a=3.0,b=4.0;

【2】System.out.println("Hypotenuse is"+c);

2. 测试以下程序的运行结果，并进行分析。

程序运行结果：

```
c=-8
d=1
```

程序分析：a 和 b 的乘积是一个浮点数，要显式转换成整型，小数部分就损失了。当值 257 被强制转换成 byte 变量时，其结果是 257 除以 256 的余数 1，因为 256 是 byte 类型的变化范围。

实验 2 编程测试 Java 数值类型的最大值和最小值

参考答案：

数据类型	所在的类	最小值代码	最大值代码
byte	Java.lang.Byte	Byte.MIN_VALUE	Byte.MAX_VALUE
short	Java.lang.Short	Short.MIN_VALUE	Short.MAX_VALUE
int	Java.lang.Integer	Integer.MIN_VALUE	Integer.MAX_VALUE
long	Java.lang.Long	Long.MIN_VALUE	Long.MAX_VALUE
float	Java.lang.Float	Float.MIN_VALUE	Float.MAX_VALUE
double	Java.lang.Double	Double.MIN_VALUE	Double.MAX_VALUE

第3章 Java 输入/输出

实验1 标准输入/输出方法

参考答案:
【1】System.out.println('C');
【2】System.out.println(13.6F);
【3】System.out.println("a student");
【4】System.out.println(o);
【5】System.out.write(b[0]);

实验2 键盘输入——Scanner 类

1. 程序填空:利用 Scanner 方法,进行键盘输入。

参考答案:
【1】Scanner in = new Scanner(System.in);
【2】int age = in.nextInt( );

2. 程序填空:使用键盘输入直角三角形两个直角边,求斜边。

参考答案:
【1】a = reader.nextDouble();
【2】c = Math.sqrt(a*a+b*b);

第4章 程序流程控制、算法和方法设计

实验1 选择结构

参考答案:
(1) else 子句不能作为语句单独使用,它必须是 if 语句的一部分,与 if 配对使用。
(2) 逻辑条件是一个逻辑表达式,其运算结果是一个逻辑值。
(3) Integer.parseInt(str)是整型类的一个静态方法,它将数字字符串 str 转换为 int 型的整数返回。

实验2 循环结构

1. 测试下面程序,回答思考题。

参考答案:
do while 不管条件是否成立都执行一次循环体,while 只有当条件成立的时候才执行循环体。

实验3 循环嵌套

参考答案:
(1) 本例有两个并列的 for 循环嵌套,第一个 for 循环嵌套打印由字符 "*" 组成的实心菱形的上半部,第二个 for 循环嵌套打印菱形的下半部。

（2）在第一个for循环嵌套中，外循环变量row表示打印的行数，内循环变量column表示每行打印字符"*"的个数，它和row有如下关系：

$$2*row-1$$

即第一行打印一个字符"*"，第二行打印三个字符"*"，依此类推，并且每行打印第一个字符"*"的位置：

$$x=220-20*row;\ y=20+20*row$$

（3）菱形的下半部类推理解。

实验5 综合实践

1．实验题目

思考题参考答案：

程序利用JOptionPane类提供的输入对话框JOptionPane.showInputDialog方法，接收输入成绩，用Integer.parseInt 方法变换成 int 值返回。利用 JoptionPane 类提供的消息对话框JOptionPane.showMessageDialog方法，输出运算结果。

2．实验题目

1）循环控制变量n在主类中定义

思考题参考答案：

（1）在主类的main方法中定义的变量，是在main方法中有效的局部变量，当然在main方法中的for语句中有效；

（2）在应用程序主类中定义的变量成员，它们在整个应用程序主类中有效，因此，可以认为是应用程序的全程变量。

2）循环控制变量n在for语句中定义

思考题参考答案：

在主类的main方法的for语句中定义的变量，是只在for语句中有效的局部变量，循环控制变量n是在for语句中有效的局部变量，在for循环结构外使用编译出错。

解决方案：

在main方法中添加变量i，但变量i必须赋初值，否则编译出错：

variable i might not have been initialized

3）循环控制变量n修改，循环体全部放在for语句的表达式3中

思考题参考答案：

循环体全部放在for语句的表达式3中，要注意语句顺序，一般，修改循环控制变量在最后。

4）for语句全空

思考题参考答案：

for语句全空时，相当于while（true）语句。

（1）循环外设置循环控制变量n的初值；

（2）if(循环条件)语句和break语句配合，实现循环结构突破；

（3）else子句中为循环体（循环计算和循环控制变量修改）。

程序修改为：

```
//AverageF5.java——for 语句全空
public class AverageF5
```

```
{    public static void main(String[] args)
     {   int sum=0,    score,n=0;
         double avg;
         for(;;)
         {   if(n<3)
             {   score=(int)(Math.random()*61)+40;
                 System.out.println("成绩 score="+score);
                 sum=sum+score;
                 n=n+1;
             }
             else break;
         }
         avg=(double)sum/n;
         System.out.println("平均成绩 avg="+avg);
     }
}
```

修改后的程序 for 语句全空时，同样相当于 while（true）语句。

（1）循环外设置循环控制变量 n 的初值；

（2）if(循环条件)语句中为循环体（循环计算和循环控制变量修改）；

（3）else 子句和 break 语句配合，实现循环结构突破。

第 5 章 Java 数组

实验 4 综合实践

1. 定义一个 int 型的一维数组，包含 10 个元素，分别赋一些随机整数(1~100)，然后求出所有元素的最大值、最小值、平均值、和值，并进行输出。

思考题参考答案：

不可以，因为在静态方法 main()内不能调用其外部的非静态方法，除非这几个系列方法定义在 main()方法内部，但是这样结构不清晰。

第 6 章 类的结构和设计

实验 1 类的定义及对象的创建、使用

【基础部分】

1. 选择题

参考答案：（1）B,（2）D,（3）D,（4）D,（5）D,（6）B,（7）C,（8）D

2. 判断正误

参考答案：（1）错,（2）对,（3）对,（4）对,（5）对

【程序填空】

参考答案：

（1）public String name;

（2）Book b = new Book();

（3）System.out.println(b.name+":"+b.price+":"+b.publisher);

思考题参考答案：

```java
class Animal {
    private String name;
    private int age;
    public Animal(){
    }
    public Animal(String name,int age ){
        this.name = name;
        this.age = age;
    }
    public void eat(String food){
        System.out.println(name+"在吃"+food);
    }
    public void attach(){
        System.out.println(name+
                "脚能踢，头能顶");
    }
    public String getName(){
        return this.name;
    }
    public int getAge(){
        return this.age;
    }

}
public class TestAnimal {
    public static void main(String[] args) {
        Animal a = new Animal("喜羊羊",3,true);
        System.out.println("姓名为: "+a.getName());
        System.out.println("年龄为: "+a.getAge());
        a.eat("青草");
        a.attach();

    }
}
```

实验2　对象比较和字符串的比较

完整代码参考：

```java
public class StringA{
    public static void main(String[] args)
    {
        String str1="Hello";
        String str2="Hello";
        String str3=new String("Hello");
        String str4=new String("Hello");

        System.out.println("关于==运算符：");

        if(str1==str2)
```

```
            System.out.println("str1 和 str2 相等");
         else
            System.out.println("str1 和 str2 不相等");
      if(str3==str4)
            System.out.println("tr3 和 str4 相等");
         else
            System.out.println("str3 和 str4 不相等");
      if(str2==str3)
            System.out.println("tr2 和 str3 相等");
         else
            System.out.println("str2 和 str3 不相等");

      System.out.println("关于equals方法: ");

      if(str1.equals(str2))
            System.out.println("str1 和 str2 相等");
         else
            System.out.println("str1 和 str2 不相等");
      if(str3.equals(str4))
            System.out.println("str3 和 str4 相等");
         else
            System.out.println("str3 和 str4 不相等");
      if(str2.equals(str3))
            System.out.println("str2 和 str3 相等");
         else
            System.out.println("str2 和 str3 不相等");
   }
}
```

实验3　引用型参数传递

2. 根据提示，程序填空。

参考答案：

（1）LeastNumb MinNumber=new LeastNumb();

（2）MinNumber.least(a);

（3）array.length

（4）temp=array[i];

（5）System.out.println("最小的数为："+temp);

实验5　类的继承：this 和 super

1. 在构造方法中使用this。根据提示填空，并验证和分析以下代码。

参考答案：

```
this.x=x;
this.y=y;
```

4. 使用super调用父类特定的构造方法，请验证并分析下面的程序。

参考答案：

```
（1）private String name;           //name 表示姓名
（2）private int age;               //age 表示年龄
（3）super(name, age);              //super 语句必须放构造方法第一行
```

第 7 章　UML 类图及面向对象设计的基本原则和模式

实验 2　多用组合少用继承编程

思考题参考答案：

```
Head h=null;
Body b=null;
```

优先使用对象组合有助于保持每个类被封装，并且只集中完成单个任务。这样，类和类继承层次会保持较小规模，并且不太可能因为继承的过多使用而使类增长成为不可控制的庞然大物。另一方面，基于对象组合的设计会有更多的对象，类并没有过多增加。

在理想情况下，使用对象组合技术，通过组装已有的组件就能获得需要的功能。继承的复用要比组装已有的组件实现起来相对容易一些。因此，继承和对象组合经常一起使用。

第 9 章　GUI 和事件驱动

实验 1　组件应用入门

1. 程序填空：使用 Applet 程序结构实现邮箱登录界面，界面如图 9.7 所示。

参考答案：

（1）extends Applet implements ActionListener
（2）Button b1;
（3）b1.addActionListener(this);
（4）b1.setLabel("已登录");

2. 加法计算器：程序填空，并测试。

参考答案：

```
【代码1】TextField field1=new TextField(6);
【代码2】TextField field2=new TextField(6);
【代码3】Button button1=new Button("相加");
【代码4】add(field3);
【代码5】button1.addActionListener(this);
```

第10章 Java 图形及多线程

实验1 绘制图形

1. 程序填空：在 Applet 窗口画各种矩形。

参考答案：

【1】g.drawRect(20,20,60,60);

【2】g.setColor(Color.pink);

【3】g.fill3DRect(420,20,60,60,true);

【4】<applet code="RectDemo.class" width=600 height=100>

2. 在 Applet 窗口画各种曲线。

参考答案：

【1】g.drawOval(20,20,60,60);

【2】g.drawArc(220,20,60,60,90,180);

实验2 用 Thread 类创建线程

参考答案：

【1】MyThread t1=new MyThread("thread1");

【2】t1.start();

【3】sleep(1000);

实验3 实现 Runnable 接口创建线程

参考答案：

【1】Thread t1=new Thread(m1);

【2】t1.start();

【3】name=str;

【4】Thread.sleep(1000);

实验4 线程间的数据共享：模拟航空售票

参考答案：

【1】ThreadSale **t**=new ThreadSale( );

【2】Thread t1=new Thread(**t**,"第1个售票窗口");

【3】t1.start( );

第 11 章 JDBC 编程

实验 2 运用 JDBC 操作数据库

参考答案：

（1）Class.forName(driverClass);

（2）con = DriverManager.getConnection(url);

（3）Statement stmt = con.createStatement();

（4）ResultSet rs = stmt.executeQuery("select * from student");

（5）con.close();